水利部交通运输部国家能源局南京水利科学研究院出版基金
全国水利发展"十二五"规划经费　　　　　　资助

中国干旱特征变化规律及抗旱情势

顾颖　倪深海　戴星　刘静楠　著

中国水利水电出版社
www.waterpub.com.cn

内 容 提 要

本书描述了中国干旱形成的自然背景条件，并从自然条件出发进行了中国干旱区域划分。书中论述了 1950 年以来中国干旱灾害的特点及时空演变规律，分析了全国当前农业干旱、因旱人畜饮水困难的主要特征，对中国城市干旱缺水状况和应急能力进行了讨论；分析评价了中国农业和区域抗旱能力大小及分布，点出了各地抗旱能力存在的弱项所在，并且通过对中国现有水利工程和应急备用水源工程的建设情况，国民经济发展对水需求满足状况的分析，指出了抗旱工作所面临的严峻形势和挑战，提出了中国抗旱减灾的战略对策。

本书可为希望了解中国干旱情况和抗旱形势的公众提供基本信息，适合从事干旱研究的技术人员及大专院校师生在研究和学习中参考使用。

图书在版编目（ＣＩＰ）数据

中国干旱特征变化规律及抗旱情势 / 顾颖等著. --
北京 ： 中国水利水电出版社，2015.11
ISBN 978-7-5170-3804-7

Ⅰ．①中… Ⅱ．①顾… Ⅲ．①干旱－研究－中国②干旱－灾害防治－研究－中国 Ⅳ．①P426.616

中国版本图书馆CIP数据核字(2015)第261145号

审图号：GS（2015）2994 号

书　　　名	中国干旱特征变化规律及抗旱情势
作　　　者	顾颖　倪深海　戴星　刘静楠　著
出 版 发 行	中国水利水电出版社 （北京市海淀区玉渊潭南路 1 号 D 座　　100038） 网址：www. waterpub. com. cn E - mail：sales@waterpub. com. cn 电话：(010) 68367658（发行部）
经　　　售	北京科水图书销售中心（零售） 电话：(010) 88383994、63202643、68545874 全国各地新华书店和相关出版物销售网点
排　　　版	中国水利水电出版社微机排版中心
印　　　刷	三河市鑫金马印装有限公司
规　　　格	170mm×240mm　16 开本　11.25 印张　214 千字
版　　　次	2015 年 11 月第 1 版　2015 年 11 月第 1 次印刷
印　　　数	0001—1000 册
定　　　价	**40.00 元**

前　言

　　干旱灾害已成为影响中国经济社会发展的主要灾害之一。中国局部性、区域性的干旱灾害连年发生。根据中国历史水旱灾害统计资料，自公元前 206 年至公元 1949 年的 2156 年中，共发生旱灾 1056 次，平均每两年一次。历史上特大干旱往往造成赤地千里、百姓流离失所，引发社会动荡甚至朝代更迭。新中国成立以来，经过大规模的水利建设，抗御干旱灾害的能力得到有效提高。但由于中国特殊的气候地理条件，旱灾对中国经济社会发展的制约作用依然十分突出。特别是近年来，全球气候变化影响日益加剧，抗旱工作面临许多新情况、新问题和新挑战。如 2000 年全国大旱，2006 年川渝大旱，2009 年北方冬麦区大旱，2010 年西南五省（自治区、直辖市）特大干旱，2011 年北方冬麦区、长江中下游及西南地区的严重干旱等，对群众生活、工农业生产和生态环境都造成了严重影响。因此，充分了解中国干旱特征和变化趋势，认清抗旱减灾工作所面临的严峻挑战已刻不容缓。

　　本书从介绍中国干旱形成背景出发，论述了中国干旱区域的划分；通过对中国 1950—2012 年的多年干旱灾害系列资料的分析，阐述了中国干旱灾害主要特征和变化趋势；并依据 1990—2007 年县级行政区的干旱灾害资料系列，对中国现状条件下的农业干旱、因旱人畜饮水困难、城市干旱缺水的时空分布特点进行了分析和讨论，科学评价了中国当前各省（自治区、直辖市）农业和区域的抗旱能力及分布，指出了各省（自治区、直辖市）抗旱能力的弱项所在，为进一步提高全国抗旱能力指出了方向。在分析中国干旱灾害发生规律和特点的基础上，通过对中国各省（自治区、直辖市）水利工程建设和供水现状情况的分析，阐述了抗旱工作所面临的以下严峻形势和挑战：即自然地理和气候条件决定了干旱在中国将长期存在；

现有抗旱减灾体系难以有效应对严重干旱；全球气候变化和人类活动增加了极端干旱发生概率；区域经济社会发展和生态环境对干旱的敏感性增强。因此，全面加强抗旱减灾工作，确保城乡居民生活用水安全，最大限度地减轻旱灾对经济社会和生态环境的影响，保障经济社会全面、协调、可持续发展，将是一项长期而艰巨的任务。

本书是由作者及其团队将多年从事干旱及其灾害研究的成果整理而成，各项研究成果采用了当时所能收集到的资料数据，因此存在不同成果所依据的数据系列长度不完全一致的情况，在本书的各章节中都已给出了本章所依据数据资料系列的起止年份，特此说明。

在干旱研究过程中，得到了国家防汛抗旱总指挥部办公室和水利部水利水电规划设计总院各位领导以及各省（自治区、直辖市）许多同志的大力支持，南京水利科学研究院的林锦、徐金涛、汪向兰和张东同志参与了大量数据资料的整理和分析以及图件绘制工作，在此一并表示感谢。

由于作者水平所限，书中疏漏之处，敬请读者批评指正。

作者

2015 年 5 月

目　录

第 1 章

中国干旱形成背景

干旱是指因来水异常缺少造成长时间水分收支或供求不平衡而形成的水分短缺现象。干旱的发生受众多因素影响，涉及气象、地理、水文等多个自然因素和水利工程建设、水资源利用、经济社会发展等社会因素。一般将干旱分为气象干旱、水文干旱、农业干旱和社会经济干旱4种类型。气象干旱是指由降水和蒸发的收支不平衡造成的异常水分短缺现象；水文干旱是指在由于河川径流量或地下径流量减少出现的水量短缺现象；农业干旱是指由于气象干旱或水文干旱造成作物生长所需水分不能得到满足，发生水分亏缺，影响作物正常生长发育的现象；社会经济干旱是指自然系统与人类社会经济系统中水资源供需不平衡造成的水分异常短缺现象。本章主要讨论干旱形成的自然因素。通过对干旱形成的自然背景的分析，来了解干旱基本特征和时空分布特点。

1.1 形成干旱的气候背景

1.1.1 大气环流背景

中国地域辽阔，东部和南部濒临海洋，西部深入欧亚大陆腹地，加之西高东低的三级阶梯状地势，各种地形地貌的空间特殊组合和分布，尤其青藏高原的存在，形成了气候的基本特点：季风气候显著，雨热同期；大陆性气候明显，降水、气温变化较大；气候类型多样，地区差异明显。

气候因素是形成干旱的基本因子，也是干旱灾害的主要孕育环境。中国地处亚欧大陆东部，太平洋西侧，正处于海洋和大陆气流场的交互作用带，成为世界上季风气候最为显著的国家之一，见图1.1。冬季受西伯利亚和蒙古强冷高压的控制，大陆盛行偏北风，西北或东北季风可达江淮一带及其以南地区，寒冷干燥；夏季东部广大地区受东南季风和西南季风的影响，盛行偏南风，暖湿气流在太平洋副热带高压南侧，从东南沿海以东或以南深入到大陆北部及河套一带，温暖湿润。东南季风来自太平洋，影响中国广大东部地区；西南季风源自印度洋和南海，主要影响中国西南和南部沿海地区。由于季风的周期性变化，以及地形等因素的影响，形成了中国大部分地区四季分明、雨热同期的特征。季风对中国影响范围甚广,从大兴安岭、阴山、贺兰山、巴颜喀拉山、冈底斯山一线以东和以南近2/3的国土面积都属于季风影响范围,形成夏季高温多雨的特点。西北内陆地区由于远离海洋,加上山脉高原的阻隔,夏季风难以到达,气候干燥,降水稀少。

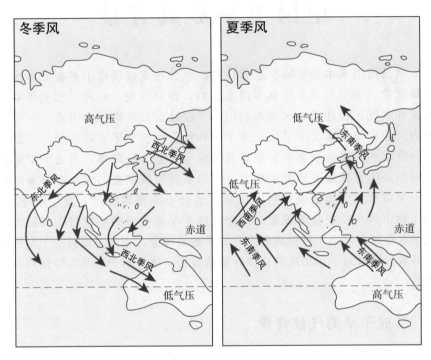

图1.1 中国季风示意图

由于不同年份的冬、夏季风进退的时间、强度和影响范围,以及台风登陆次数的不同,致使降水量在年内和年际间的时空分布差异很大,各地的降水量相差悬殊,总体上从东南向西北方向递减。如图1.2所示,降水深等值线大体上呈东北—西南走向,400mm降水深等值线始自东北大兴安岭西侧,终止于中尼边境西端,降水深小于400mm的国土面积达39%。800mm降水深等值线位于秦岭、淮河一带,该线以南和以东地区,气候湿润,降水丰沛,降水深在400~800mm的国土面积占33%。中国降水南方多、北方少,山区多、平原少。南方地区面积占全国的36%,相应降水深约占全国的68%;北方地区面积占全国的64%,相应降水深约占全国的32%。因此,总体上全国降水量的自然分布具有南方多,北方少的特点,从水分条件自东南向西北形成依次为湿润、半湿润、半干旱、干旱的地区,其中干旱、半干旱地区面积约占全国面积的60%。

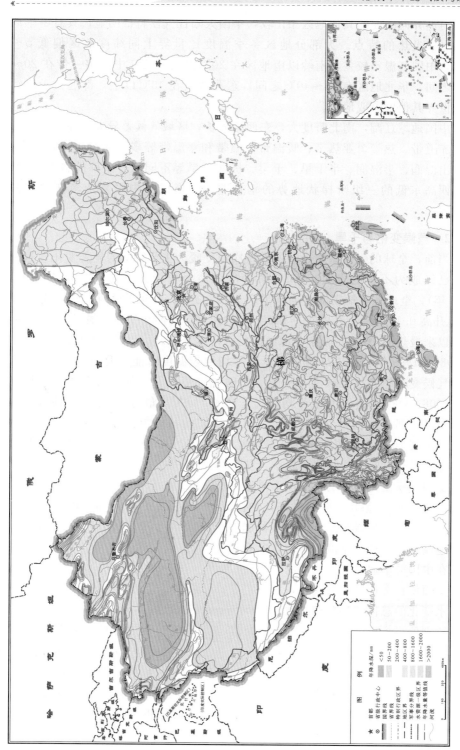

图 1.2　中国多年平均年降水量等值线图（1956—2000 年）

与世界同纬度的其他地区相比较，中国大陆性气候特征明显，具有冬季严寒，夏季炎热的特点。大部分地区冬季温度比世界上同纬度地区偏低5～15℃。中国气温年较差，南岭以南地区在20℃以内，长江中下游一带在20～30℃之间，华北地区在30～40℃之间，东北地区在40℃以上，都远大于同纬度的世界其他国家或地区。

中国地域辽阔，南北跨度大，东西距离长，区域气候差异大。在纬向，分布有赤道带、热带、亚热带、暖温带、温带和寒温带等多个气候带；在经向，呈现出湿润、半湿润、半干旱、干旱、极端干旱等不同水分条件的自然地带；加上西高东低的三级阶梯状地势的垂直差异，形成了中国复杂多样的气候类型。

1.1.2　气候变化与干旱

当前，全球的气候系统正经历着一次以变暖为主要特征的显著变化，这种变暖已经成为不争的事实。IPCC第4次评估报告指出，近百年来（1906—2005年），全球平均地表温度上升了0.74℃。过去50年的线性增暖趋势为每10年升高0.13℃，几乎是过去100年来的两倍，升温在加速。最近10年是有记录以来最热的10年。未来全球气温仍将持续升高。气候模式预估结果显示，与1980—1999年相比，21世纪末全球平均地表温度可能会升高1.1～6.4℃。中国气候变暖趋势与全球基本一致。中国气象局国家气候中心提供的数据显示，1908—2007年中国地表平均气温升高了1.1℃，最近50年北方地区增温最为明显，部分地区升温高达4℃。气候模式预估结果表明，与1980—1999年相比，到2020年中国年平均气温可能升高0.5～0.7℃。其中，北方增暖大于南方，冬季、春季增暖大于夏季、秋季。

受到气候变化的影响，中国干旱地区和干旱强度都呈现增加的趋势，干旱问题日益凸显。近半个世纪以来，中国北方主要农业区干旱面积在春、夏、秋、冬4个季节里都处于上升发展的趋势。冬、春季发展速度较快，夏、秋季发展速度较慢。从干旱范围平均状况看，夏、秋季干旱较重，冬、春季干旱较轻；在中国的华北、华东北部的干旱面积扩大迅速，形势严峻，东北、华中北部干旱面积扩大速度相对较小，西北东部的干旱面积扩大趋势不明显，这与中国降水变化的总体趋势分布一致。

特别值得指出的是，华北地区近20多年来干旱不断加剧的形势十分严峻，从20世纪70年代后期开始至今，华北的干旱不断加剧。20世纪90年代后期以来华北地区更是连年出现大旱，1997年、1999—2002年都为旱情较重年份，不少地区连续五、六年遭遇干旱，导致农业生产损失巨大、水资源极度短缺、生态环境日益恶化。20世纪90年代末期和21世纪初的几年干旱范围之广、损失之大是半个世纪以来最严重的。

近年来中国还频繁出现多个破历史纪录的极端干旱事件。如 2006 年夏季，四川、重庆地区由于持续少雨，出现了百年一遇的高温干旱。2008 年 10 月下旬至 2009 年 2 月上旬，中国北方冬麦区降水量较常年同期偏少 5～8 成，个别地区降水量偏少 8 成以上，出现了大范围气象干旱，旱区波及北京、天津、河北、山西、山东、河南、安徽、江苏、湖北、陕西、甘肃和宁夏 12 省（自治区、直辖市）。普遍干旱为 30 年一遇，其中河北南部、山西东南部、河南、安徽北部的局部重旱区达 50 年一遇。

在全球气候变暖的背景下，由干旱造成的气象灾害也有逐渐加重的趋势，表现为农作物因旱受灾面积和粮食产量波动呈加大趋势，干旱范围有逐步扩大的趋势，干旱持续时间也呈现由单年、单季、单月向连年、连季、连月增长的趋势。旱灾从以影响农业为主扩展到影响林业、牧业、工业、城市乃至整个经济社会的发展，甚至造成了生态、环境的恶化。随着经济社会的发展、人口的增加和城市化进程的加快，人们对水量的需求日益增加，对水质和供水保证率的要求也越来越高，干旱缺水矛盾日益突出。

因此，适应中国的气候特点，尽可能减少不合理的人类活动影响，因地制宜合理增加供水能力特别是应急供水能力，最大程度减缓旱灾造成的损失是中国抗旱工作的总体思路与方向。

1.2 形成干旱的自然地理背景

1.2.1 地理位置

中国是世界上自然灾害较严重的国家之一，干旱灾害已对中国粮食安全和经济社会可持续发展产生较大影响。中国干旱灾害频发与自然地理条件密切相关。中国地处欧亚大陆东南部，位于东经 73°40′至东经 135°05′、北纬 4°至北纬 53°30′之间，东南部濒临太平洋，西北部深入欧亚大陆腹地，西南部与南亚及东南亚山水相连。从最东部的黑龙江与乌苏里江汇合处到最西端的新疆帕米尔高原边界，直线距离约 5200km。北端自黑龙江省漠河附近的黑龙江主航道至最南端的曾母暗沙岛，直线距离约 5500km。中国国土面积约 960 万 km²，陆域边界长度约 2 万 km，大陆海岸线长度约 1.8 万 km，岛屿海岸线长度约 1.4 万 km。

1.2.2 地形地貌

中国干旱灾害频发与自然地理和气候背景条件密切相关。中国位于亚欧大陆的东南部，东部和南部濒临太平洋，西北深入亚欧大陆腹地，国土面积辽阔，地势西高东低，呈三级阶梯状分布（见图 1.3），地形十分复杂。第一级阶梯为青藏高原，海拔高程一般在 4000m 以上，高原湖泊众多，雪峰连绵，人烟稀少，是中国主要江河的发源地；第二级阶梯是青藏高原以北和以东地区，海拔高程 1000～2000m，高原与盆地相间分布；第三级阶梯是大兴安岭、太行山、巫山以及云贵高原东缘以东至滨海地区，海拔高程一般在 500m 以下，由西向东有丘陵和平原交错分布，江河湖泊众多；自北向南有松辽平原、黄淮海平原、长江中下游平原、珠江三角洲平原，平原海拔一般在 200m 以下。

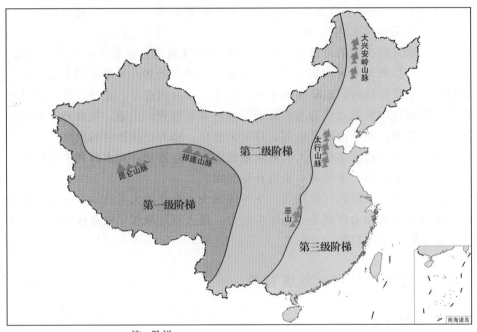

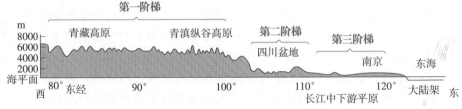

图 1.3　中国三级阶梯示意图及剖面图

中国地貌类型复杂多样，总体上以山地地貌为主，平地较少。高山、高原以及大型内陆盆地主要分布于西部地区，丘陵、平原以及较低的山地多位于东部地区。包括山地、高原和丘陵在内的山丘区面积约占全国国土面积的 2/3。其中山地面积约占国土面积的 33%，高原占 26%，丘陵占 10%，盆地占 19%，平原仅占 12%。

地貌在自然地理环境中是一项基本的要素，各类地貌地形上的组合及差异跟气候、水文，包括干旱的分布与变化有着密切的关系，如华北地区的多雨和暴雨中心无不与山地有关，通常山区的降水普遍多于平原。此外，华北干旱中心的西部太行山呈南北走向，导致西来冷空气超过太行山时，在其东部常出现焚风。以冬季最多，春季最强。这些因素都与华北多旱的形成有关。又如西南干旱区，特别是在冬半年，恰好位于西风带在西藏高原东侧形成的"死水区"，天气稳定少变且干暖；夏半年本区位于东部副热带高压和西部青藏高原之间，大气常受两个高压消长的制约。华南沿海是中国又一个多旱区，这里丘陵、山谷、平原、河川纵横交叉切割，引起下垫面热量和气流的显著差异，一般山间盆地和沿海为降水的低值中心，常出现干旱。总之，地形和地貌对干旱的影响是很明显的。

这样极其复杂的地理条件，使中国的气候具有多样性的特征。从水分条件看，自东南向西北，依次为湿润、半湿润、半干旱、干旱地区，其中干旱、半干旱地区面积约占全国面积的一半。大体上中国可划分为东部季风区、西北干旱区和青藏高寒区三个大区。由于纬度高低、距海远近不同，加之地形错综复杂，地势相差悬殊，致使全国水分在空间和时间上分布极不均匀。

1. 东部季风区

中国东部季风区气候湿润，河流发育、水流作用活跃，长江、黄河、黑龙江、珠江等大江大河及其干支流和其他许多河流强大的侵蚀和堆积作用，不仅在山地、丘陵地区塑造了多种多样的侵蚀地貌和堆积地貌，而且在下游（或中下游）冲积、淤积成大面积的平原。中国东北地区山地与平原相间分布，东部分布着长白山、千山山地，西部为大兴安岭山地，北部为小兴安岭山地，其间分布着松嫩平原和辽河平原，与三江平原一起组成了中国最大的平原——东北平原。位于阴山—燕山山地以南，秦岭—淮阳山地以北，贺兰山以东的广大地区，地貌上表现为山地、平原和高原，而且还广泛分布第四纪黄土。主要高原和山地有：黄土高原、鄂尔多斯高原、阴山—燕山山地、秦岭—淮阳山地和山东低山丘陵等。位于内蒙古、宁夏回族自治区的黄河沿岸分布有河套平原，在太行山以东，燕山以南，淮河以北，则为华北平原（黄淮海平原）。秦岭以南的中国南方广泛分布着以山地、丘陵和盆地为主的各类地貌。由于气候湿热，降水丰沛，水流外营力比较活跃，因此，密集的河网谷地，大型的盆地式丘陵，深入发育的岩溶等等，都为中国所特有。主要地貌区有：长江中下游平原、江南丘陵、东南沿海山地、丘陵，四川盆地、广西盆地、云贵高原、珠江三角洲平原等。东南沿海还分布有不少面积较小的平原。

2. 西北干旱区

西北干旱半干旱区深处内陆，距海遥远，气候干燥，流水对地貌的作用较弱，是中国沙漠、戈壁的主要分布区，区内分布着海拔 1000～1500m 的广阔内陆高原和盆地以及海拔 3000～5000m 的山地，主要地貌包括内蒙古高原、阿拉善高原和河西走廊、阿尔泰山、准噶尔盆地、天山、塔里木盆地等。

3. 青藏高寒区

青藏高寒区处于西部高海拔和高寒干旱环境，以海拔 4000～5000m 的高原为主体，分布有许多海拔 6000m 以上的高山、众多的大陆型高山冰川和大量的内陆高原湖泊，是世界中低纬度带上自然地理环境最为特殊的地区。主要地貌包括：祁连山山地、柴达木盆地、昆仑山山地、藏北高原、藏南谷地、喜马拉雅山山地、横断山山地等。

中国位于亚洲季风气候区，加之三级阶梯状的地貌格局，从根本上决定了中国干旱频发的基本背景。

1.3 形成干旱的下垫面水分背景

1.3.1 河川径流量

下垫面水分分布是干旱形成的又一重要要素。河川径流量的丰枯各年虽有所不同，但多年平均径流量是个比较稳定的特征值，因此，可根据它判别一个地区水量的多少。径流量的分布具有明显的地带性规律。中国年径流深的分布由东南的 2000mm 向西北递减至 5mm（见图 1.4），其地区分布不均匀性和因地形造成的垂直变化十分显著。十分湿润区面积不到全国的 6%，而其多年平均径流量占全国的 28%；干旱区面积约占全国的 25%，但其多年平均径流量仅占全国的 0.8%。

北方地区河川径流量连丰年段一般为 3～5 年，连丰年段平均年河川径流量与多年平均值比值一般为 1.2～1.5；连枯年段一般为 3～8 年，连枯年段平均年河川径流量与多年平均值的比值一般在 0.6～0.8。海河区 1980—1987 年连续 8 年处于枯水期，枯水期内平均年河川径流量为多年平均值的 67%，比多年平均河川径流量累计偏少近 600 亿 m^3；松花江区 1974—1980 年出现连续枯水，连枯年段内平均年河川径流量为多年平均值的 63%。

中国河川径流量年内分配主要集中在夏季，其中北方集中程度更高。北方地区多年平均连续最大 4 个月河川径流量占全年的比例一般在 60%～80%，其中海河、黄河区部分测站超过了 80%，西北诸河区部分测站可达 90%。南方地区多年平均连续最大 4 个月河川径流量占全年的 50%～70%。

1.3.2 水资源量及分布

根据 1956—2000 年同步代表系列，中国多年平均年降水量为 61775 亿 m^3，折合降水深 650mm，其中，南方地区降水量占全国的 68%，北方地区占全国的 32%。在中国降水量中，山丘区占 85%，平原及盆地占 15%。

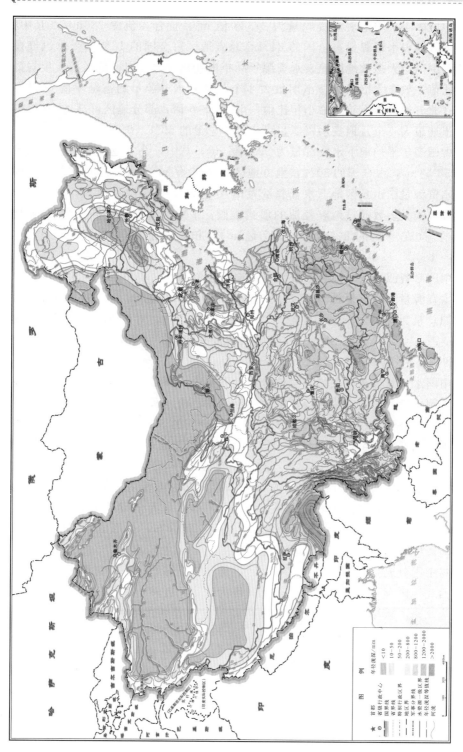

图1.4 中国多年平均年径流深等值线图（1956—2000年）

中国多年平均地表水资源量为27388亿m^3，折合径流深288mm，其中，南方地区地表水资源量占全国的84%，北方地区占全国的16%。受季风气候影响，中国绝大多数地区地表水资源年际年内变化很大，南方地区最大年与最小年比值一般在5倍以下，汛期最大4个月地表水资源量约占全年的50%～70%；北方地区最大年与最小年比值一般为3～6倍，部分地区可高达10倍以上，汛期最大4个月地表水资源量可占全年总量的60%～80%。

中国多年平均地下水资源量为8218亿m^3，其中，北方地区地下水资源量为2458亿m^3，占全国的30%，南方地区为5760亿m^3，占全国的70%。中国地下水资源量中山丘区地下水资源量为6770亿m^3，占全国的82%，山丘区地下水资源绝大多数通过地表径流的形式排泄；平原区地下水资源量为1765亿m^3（含与山丘区间的重复计算量317亿m^3），扣除与山丘区重复计算水量后占全国的18%。

中国水资源总量（地表水资源量和地下水资源量之和扣除地表水资源量与地下水资源量间的重复计算量7194亿m^3）为28412亿m^3，其中，北方地区水资源总量为5267亿m^3，占全国水资源总量的19%，南方地区水资源总量为23145亿m^3，占全国的81%。在中国水资源总量中，山丘区水资源总量占全国的90%，平原区占10%。

中国水资源分布与人口、耕地分布极不协调，长江流域及其以南的珠江流域、浙闽台诸河、西南诸河等流域，国土面积、耕地面积和人口分别占全国的36.5%、36%和54.4%，但水资源总量却占全国的81%，人均水量为全国平均水平的1.6倍，亩均占有量是全国平均值的2.3倍；辽河、海滦河、黄河、淮河流域，面积为全国的18.7%（相当于南方的一半），水资源总量却只为南方4片的10%；北方耕地占全国的45.2%，人口占全国的38.4%，水资源总量更少，特别是海滦河流域尤为明显，人均占有水量为全国平均水平的16%，亩均为全国平均水平的14%，水资源这种不均衡分布，是形成干旱的经济社会环境。图1.5为全国人均水资源量分布图。

将中国分成东北地区、黄淮海地区、长江中下游地区、华南地区、西南地区和西北地区等六大片区，其中东北地区为辽宁、吉林、黑龙江3省；黄淮海地区为北京、天津、河北、山西、山东和河南6省（直辖市）；长江中下游地区为上海、江苏、浙江、安徽、江西、湖北和湖南7省（直辖市）；华南地区为福建、广东、广西和海南4省（自治区）；西南地区为重庆、四川、贵州、云南和西藏5省（自治区、直辖市）；西北地区为内蒙古、陕西、甘肃、青海、宁夏和新疆6省（自治区）。中国六大片区水资源量状况见图1.6，其中黄淮海地区水资源量最少，占全国水资源量的3.78%；西南地区水资源量最多，占全国的38.19%。

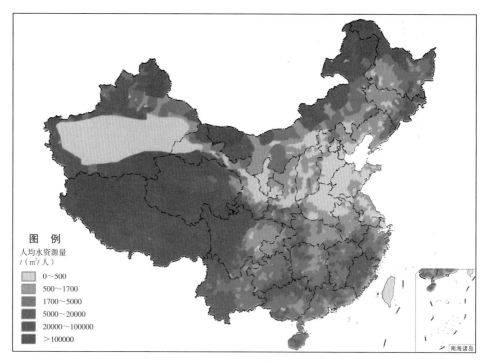

图 1.5　中国人均水资源量分布

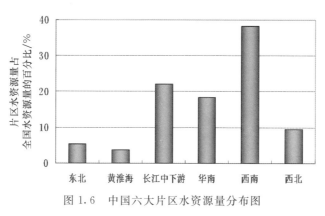

图 1.6　中国六大片区水资源量分布图

在气候和自然地理背景条件下，叠加水资源条件分析中国干旱的地区分布情况。由于气候差异和地形条件，造成中国降水量时空分布差异很大：一是空间分布上降雨量东南多，西北少。东南沿海年降水量多超过 2000mm，而西北地区最少的只有几十毫米，悬殊极大，中国年均降雨量少于 400mm 的干旱半干旱地区约占国土面积的 45%，是造成地域性干旱的主要原因。二是时间分配上降雨量夏秋多、冬春少，年内变化大。常年 6—9 月降雨占全年的 70%～

80％，是导致季节性干旱的主要原因。丰水年与枯水年的降雨量变幅，一般南方 2～4 倍，东北地区 3～4 倍，华北地区 4～6 倍，西北地区则超过 8 倍，是这些地区发生连年干旱的主要原因。

第2章

中国干旱区域划分

2.1 干旱区域划分概述

2.1.1 意义和作用

干旱区域划分是根据区域内形成干旱自然因素的相似性和差异性，按照干旱空间分布特征和规律，把不同尺度的干旱特征或是根据其严重程度分为若干个区或若干级区的工作，亦称为干旱区划（下同）。干旱区划的意义在于通过了解各种自然的干旱影响因素的区域组合和差异，揭示干旱的发生发展规律，认识中国干旱特征及地域分布特点，了解中国现代干旱的地域分布状况，为国家干旱风险管理和防旱减灾战略提供背景信息和决策支撑，满足中国防旱减灾工作实现宏观指导与分级管理的需要。

干旱区划的作用是提供形成干旱的自然背景资料，指出干旱形成的主要因素和干旱主要特征，为科学论证现有水利工程建设、抗旱应急水源工程布局等是否合理，水资源的开发利用是否有效，为防旱减灾工程规划制定、抗旱应急水源工程布局、国家抗旱投入方向等提供科学依据。

本书干旱区划以形成中国干旱的自然条件、水资源特点和空间分布为主线，通过干旱区划反映中国现状干旱的空间分布格局。分析中国干旱形成的背景条件，包括形成干旱的自然环境和社会环境，识别引起干旱灾害的主要影响因素，选择和确定中国干旱区划的主要指标，按照县级行政区为最小单元开展数据收集、整理，并应用 GIS 技术进行区划指标数据化、网格化、单元化计算，编制干旱区划图件。

2.1.2 干旱区划原则

在对国内外相关区划分析研究和中国干旱环境和影响因素分析基础上，提出本书中国干旱区划的原则。干旱区划将遵循以下原则：

（1）区域划分要体现相似性和差异性。综合考虑区域自然地理和气候条件和干旱特征，充分体现干旱区域内相似性和区域间差异性，既要突出不同级别区划与干旱尺度上的关联，又要反映区域中干旱某一主要特征及主导因素。

（2）体现区域划分的客观性。尽量考虑区域的自然和客观存在因素，基本上不考虑人类活动因素。

（3）考虑与相关区划之间的协调性。干旱区划的划定要与现有的气候区划、水文区划、地貌区划、农业区划、水利区划以及其他相关区划成果衔接。

（4）保证区划最小单元完整性。考虑到中国干旱管理的特点和干旱资料获取的便利，以县级行政区为最小分割单元，保证单元边界完整性。

2.1.3 干旱区划三级分区体系

干旱区划遵循三级分区的原则。建立三级分区体系，一级分区为自然背景区，二级分区为下垫面水分分布区，三级分区为干旱特征分区。其中，一、二级分区主要进行大、中尺度范围划分，三级分区为小尺度范围划分。

一级干旱分区的划分主要考虑中国气候特征和地形、地貌等自然条件的空间分布差异。

二级干旱分区的划分主要考虑中国水资源及变异程度的分布特点，反映下垫面水量的空间分布差异。

三级干旱分区的划分主要考虑干旱水分亏缺特征，以反映干旱特征在地域上的差异。

图 2.1 给出了中国干旱区划三级分区体系示意图。

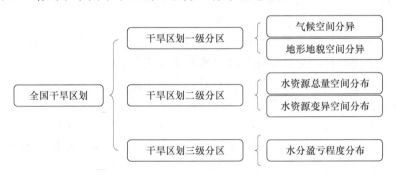

图 2.1 中国干旱区划三级分区体系示意图

2.2 国内外相关区划概况

2.2.1 国外相关区划概况

1900 年，德国柯本开始发表世界气候分类，以气温和降水量为分界标准，并与自然植被分布联系。此后气候分类和区划的方法有很多改进和革新。1937年，苏联学者谢良尼诺夫提出了农业气候区划。1972 年，戈里茨别尔格用经过修改的谢氏区划编入《世界农业气候图集》，将世界分为 4 个热量带，即寒带、温带、亚热带，热带；4个水分地带，即过湿润地带、湿润地带、半干旱地带、干旱地带；在带和地带内还划分为若干亚带和区。不少国家的研究者分别完成本国的农业气候区划。例如，莎土柯于1967年进一步提出了苏联农业气候区划。还有几种单项的作物气候区划，在农业生产布局和发展新的作物栽培方面起到了显著的作用。日本的农业气候区划工作于20世纪40年代由大后美保先从单项作物开始，后来吉良宅夫于1945年进行了总的农业气候分区，内岛善兵卫、小泽行雄作出了水稻和土地利用为主的农业气候区划。此外，还有1952年帕帕达克斯的世界农业气候区划，1943年桑斯威特区划方法至今在许多国家还在应用。

2.2.2 国内相关区划概况

2000多年前，《书·禹贡》一书已将中国划分为九州，并分述了地形、水分和动植物资源，是世界上最早的一个自然地理区划。在有较多的气象观测后，1931年竺可桢发表了"中国气候区域论"，根据温度和雨量将中国划分为八类气候区域。1936年涂长望根据更详细的月平均气温和降水资料划分气候区域。此后1946年卢鋈、1949年陶诗言等也相继作出气候区划。1957年张宝堃等提出《中国气候区划草案》，把中国划分为东部季风区、蒙新高原区和青藏高原区，用≥10℃积温和最冷月平均气温及平均极端最低温度划分出6个热量带。中央气象局所编的《中国气候图集》（1966年）和《中华人民共和国气候图集》（1978年）的中国气候区划，用≥10℃积温及其天数为主导指标，以最冷月平均气温、年极端最低气温为辅助指标，把中国划分为9个气候带、1个高原气候大区；结合用干旱指数共划分为18个气候大区和36个气候区。由于所采用指标有较好的生物学意义，这个气候区划中的很多界线与一些重要的农作界线有着较好的一致性，例如，旱作与水田的界线同北亚热带与温带的界线比较一致，多熟制与一熟制的界限同中温带与南温带的界线比较一致，大叶茶的北界与南亚热带北界较一致，冬小麦的北界是南温带的北界，双季稻安全种植北界与中亚热带北界基本一致。因此这个气候区划是进行农业气候区化的较好基础。1979年以来，中央气象局组织了中国性的农业气候资源调查与农业气候区划工作，先后完成了中国农业气候区划、农作物气候区划、种植制度气候区划等。1984年，中国农业区划委员会编制了中国自然地理区划。

2.2.3 中国相关区划简介

1. 中国气候区划

采用三级指标，将中国划分为9个气候带（含18个气候大区、36个气候区）和1个高原气候区域（含4个气候大区、9个气候区）。

（1）第一级（气候带）。以日平均气温≥10℃的活动积温、最冷月平均气温和年极端最低气温等作为指标。中国共划分为9个气候带和1个青藏高原气候区域，（见表2.1）。

表2.1 中国气候带的温度指标

序号	气候带（区域）	≥10℃活动积温/℃（及其天数）	最冷月平均气温/℃	年极端最低气温/℃	备注
1	北温带	<1600~1700（<100d）	<-30	<-48	
2	中温带	1600~1700至3100~3400（100~160d）	-30~-10	-48~-30	
3	南温带	3100~3400至4250~4500（160~220d）	-10~0	-30~-20	
4	北亚热带	4250~4500至5000~5300（220~240d）	0~4	-20~-10	
5	中亚热带	5000~5300至6500（240~300d） 5000~5300至6000（240~300d）	4~10 4~10	-10~-5 -10至-1~2	云南地区
6	南亚热带	6500~8000（300~365d） 6000~7500（300~350d）	10~15 10~15	-5~2 -1~-2至2	云南地区
7	北热带	8000~9000（365d） >7500（350~365d）	15~19 15~19	2至5~6 2至5~6	云南地区
8	中热带	9000~10000（365d）	19~26	5~6至20	
9	南热带	>10000（365d）	>26	>20	
10	青藏高原气候区域	<2000（<100d）			

（2）第二级（气候大区）。采用年干燥度作为指标，见表2.2。

表2.2 气候大区的年干燥度指标

气候大区	年干燥度	气候大区	年干燥度
A 湿润	<1.00	C 半干旱	1.50~3.49
B 半湿润	1.00~1.49	D 干旱	≥3.50

（3）第三级（气候区）。主要采用季干燥度作为指标（3—5月为春季，6—8月为夏季，9—11月为秋季，12月至次年2月为冬季，见表2.3）。青藏高原因全年各月气温较低，采用最热月平均气温指标；东北地区冬季很长，采

用积温 2000℃作为指标。

表 2.3　　　　　　　　　　季 干 燥 度 指 标

气候区	季干燥度	气候区	季干燥度
湿润	≤0.99	半干旱	1.50～1.99
半湿润	1.00～1.49	干旱	≥2.00

2. 中国自然地理区划

1984 年，中国农业区划委员会编制了中国自然地理区划方案。首先把中国划分为 3 大区域（东部季风区域、西北干旱区域和青藏高寒区域），再按温度状况把东部季风区域划分为 9 个带（寒温带、中温带、暖温带、北亚热带、中亚热带、南亚热带、边缘热带、中热带和赤道热带），把西北干旱区域分为 2 个带（干旱中温带、干旱暖温带），青藏高寒区域也分为 2 个带（高原寒带、高原温带），然后根据地貌条件将中国划分为 44 个区（东部季风区 25 个区，西北干旱区 11 个区，青藏高原 8 个区）。

3. 中国植被区划

在中国植被区划中，植被区域（共 8 个）为区划的最高级单位，是由具有一定地带性的热量—水分综合因素所决定的一个或数个植被型占优势的区域，区域内具有一定的、占优势的植物区系成分。

植被亚区域，是植被区划的高级单位。在植被区域内，根据水分条件及植物区系地理成分的不同而引起的地区性差异。

植被地带（共 28 个），为中级植被区划单位。在植被区内，由于水平或垂直变化所造成的水热变异而表现出植被型或植被亚型的差异。

植被亚地带，在植被地带内，根据伴生植物的差异进行划分。

植被区（共 116 个），是区划的低级单位。在植被地带内，由于局部的水热状况，尤其是中等地貌单元所造成的差异，可根据占优势的中级植被分类单位（群系、群系组或其组合）划分出若干个植被区。

植被小区（共 464 个），是植被区划最低级单位。它反映了植被区内局部地貌结构部分的分异引起的植被差异和植被利用与经营方向的不同。

4. 中国水文区划

水文区划是自然区划的一个主要组成部分，可为其他自然区划（包括水利区划和农业区划）提供区域水文依据。

水文区划的划分原则包括：综合分析原则、相似性和差异性原则、成因分析原则。中国共分为 11 个一级区，56 个二级区。一级区揭示中国水量的地域差异，二级区着重于水量的年内分配和水情差异。一级区以水量（多年平均径流深）为主要指标，分为丰水带，多水带、平水带、少水带和干涸带。二级区以径流年内分配为主要指标。

5. 中国水利区划

中国水利区划将全国划分为 10 个一级区和 82 个二级区。

一级区：基本揭示中国水利现代化发展最基本的地域差异，基本上以地形、地貌、水系、气候和地理位置为主要因素。

二级区：以水资源条件与开发利用条件、水旱灾害、水利建设现状和水利现代化发展方向、水土生物资源的相互关系为主要因素。

水利区划还划分了三级区和四级区，其中三级区一般不跨省界和流域界；四级区一般结合县级农业区划要求划分。

6. 中国农业区划

在农业资源调查的基础上，根据各地不同的自然条件与社会经济条件、农业资源和农业生产特点，按照区内相似性与区间差异性和保持一定行政区界完整性的原则，划分为 10 个区即东北区、内蒙古及长城沿线区、黄淮海区、黄土高原区、长江中下游区、西南区、华南区、甘新区、青藏区、海洋水产区。

7. 中国水土保持区划

根据不同的自然条件、土壤侵蚀类型、社会经济情况和水土流失特点，将全国划分为 7 个不同水土保持类型区，即风沙区、东北黑土区、青藏高原冻土侵蚀区、西北黄土高原区、北方土石山区、西南土石山区、南方红壤丘陵区。

8. 农业干旱与旱灾综合分区

在《中国抗旱战略研究》一书中进行了农业干旱与旱灾分区，该分区考虑水资源承载能力、抗旱能力、农业旱灾等方面的指标，每一方面又考虑几个因素。为了反映各个指标的综合结果，采用层次分析法进行分析。

农业干旱与旱灾分区指标选取原则如下：

（1）完整性原则：指标体系应尽可能全面地反映农业干旱与旱灾综合区划各方面的状况。

（2）简明性原则：指标概念明确，易测易得。

（3）重要性原则：指标应是各领域的重要指标。

（4）独立性原则：某些指标间存在显著相关性，反映的信息重复，应择优保留。

（5）可评价性原则：指标均应为量化指标，并可用于地区之间的比较评价。

根据以上原则和区划时考虑的因素，确定农业干旱与旱灾分区指标体系。

整个指标体系分为 3 个子系统：水资源承载能力子系统、抗旱能力子系统、农业旱灾子系统。

水资源承载能力子系统由两个指标组成：人均水资源量、亩均水资源量。

抗旱能力子系统由两个指标组成：耕地有效灌溉率、水利工程蓄水率。

农业旱灾子系统由 3 个指标组成：旱灾频率、受旱率、成灾率。

用上述 7 个指标将农业综合干旱区划为极严重脆弱区、严重脆弱区、一般脆弱区、轻度脆弱区、微度脆弱区。

9. 农业干旱分区

在《中国水旱灾害》一书中根据中国气候特点和降水等因子的时空分布特征，在分析和总结多年来旱灾影响因素和旱灾发生规律的基础上，进行了农业干旱分区，以便能因地制宜地提出分区的防旱减灾的措施和方向。

（1）分区原则。

1）影响农业干旱的自然因素和社会经济条件的相对一致性。

2）农业干旱的季节性和持续性的相对一致性。

3）农业防旱减灾能力和可能采取的对策方向的相对一致性。

（2）分区指标。

1）一级干旱分区划分指标：多年平均水分盈亏值。

2）二级干旱分区划分指标：干旱主要发生季节属性。

3）三级干旱分区划分指标：主导指标有受旱率和成灾比。三级干旱分区内又采用了灌溉率、人均灌溉面积、水资源利用率、水库调蓄率和农业用水率等多项辅助指标，将三级干旱分区分为干旱轻脆弱区、中脆弱区、重脆弱区和极脆弱区。

按照分区原则和有关指标，全国共划分了 4 个一级区、14 个二级区和 81 个三级区。其中，采用罗马字Ⅰ、Ⅱ、Ⅲ、Ⅳ作为 4 个一级区编号。编号为Ⅰ的一级区为农田水分极重亏缺区，编号为Ⅱ的一级区为农田水分重亏缺区，编号为Ⅲ的一级区为农田水分亏缺区，编号为Ⅳ的一级区为农田水分重盈余区。表 2.4 给出了与干旱相关区划的主要信息。

表 2.4　　　　　　　　　相关区划主要信息对比

区划名称	区划目的	区划原则	区划指标	区划方法
中国气候区划	根据一定的气候指标，将某一特定区域（国家或地区）划分成的若干气候特征相同的区域	按照科学性、完整性、系统性和实用性等信息分类的基本原则	分气候指标（如积温、平均气温、水分等）和自然因子指标。反映各区之间气候特征的区别	采用线分类法对中国气候区域进行划分

续表

区划名称	区划目的	区划原则	区划指标	区划方法
中国农业气候区划	根据一定的农业气候指标，将一较大地区划分成若干农业气候特征相似的区域。为实现农业区域化、专业化、现代化而制定的农业区划和规划提供农业气候的依据	（1）农业气候相似原则。 （2）要适应农业生产发展规划的需要。 （3）有利于充分合理利用气候资源，发挥地区气候资源优势。 （4）要能反映农业生产中主要农业气候问题，为发展农业生产提供依据	热量指标有：农业界限积温，作物生长期，最冷月（1月）和最热月（7月）平均温度、平均极端最低温度等。 水分指标有：降水量、降水变率、蒸散量、降水蒸发比、降水蒸发差等。 其他指标：光照、农业气象灾害和综合指标	最常用的划区方法是逐级分区法。此外，还有集优法、聚类分析法、最优分割法等
中国自然灾害区划	按照自然灾害在时间上的演替和空间上的分布规律，对其空间范围进行区域划分，自然灾害区划的结果是对区域自然灾害差异性和一致性的反映	综合性与主导性因素原则、地域共轭原则、保持县域行政界线完整性原则、定量与图谱互馈原则	由区域致灾指数、区域成灾指数、农业人口密度、粮食作物单产水平、单位面积农业社会总产值、单位面积社会总产值、区域旱水比等组成	自上而下和自下而上两种方法，其中中国性的区划工作，均遵循灾害大区到灾害区再到灾害小区的自上而下的划区过程，主要考虑地带性与非地带性因素
中国水文区划	水文区划着重于认识水文地理的客观规律。探讨每个区内各种水文现象的形成、分布和变化规律，分析水文要素之间的内在联系，探索制约这些现象的因素。阐明水文条件对生产的自制与不利方面，为更好地因地制宜地开发利用、改造和保护中国水资源提供科学依据	（1）综合分析原则。 （2）相似性与差异性原则。 （3）成因分析原则	河流的水文特性和水利条件： 降雨量、径流系数、径流季节变化、径流补给。 完整的水文区划应由类型区划（降水、蒸发、径流、干燥指数、侵蚀模数、河流分类等）和区域区划组成	通过叠置、接合和综合的方法确定不同等级系统单位的分区界线

区划名称	区划目的	区划原则	区划指标	区划方法
中国水利区划	分析水利分区之间的特性和分区内的共性，分类制订适合本区情况的除水害、兴水利的措施，把某些局部经验在具有相同或相似特点的较大范围中灵活运用。同时在研究战略布局时，也可以把已经归纳起来的有共性的区域分门别类地加以分析，作为总体安排的依据	根据水资源和其他自然地理条件的地区特点，并在一定程度上照顾流域界限和行政界限，为地区整治与开发而进行的水利分类划片	一级区：基本上以地形、地貌、水系、气候和地理位置为主。二级区：以水资源条件与开发利用条件为主	一级区基本揭示中国水利现代化发展最基本的地域差异。二级区以水资源条件与开发利用条件、水旱灾害、水利建设现状和水利现代化发展方向、水土生物资源的相互关系为主要因素。二级区可跨流域、跨省界。三级区不跨省界和流域界，四级区结合县级农业区划要求划分
中国农业区划	在农业资源调查的基础上，根据各地不同的自然条件与社会经济条件、农业资源和农业生产特点，科学地划分农业区	按照区内相似性与区间差异性和保持一定行政区界完整性的原则	气候、土壤、植被	农业区划在进行具体分区时，主要有两大类，即定性分析分区法和定量分区法
中国水土保持区划	指导各地科学地开展水土保持，做到扬长避短，发挥优势，使水土资源能得到充分合理的利用，水土流失得到有效的控制，收到最好的经济效益、社会效益和生态效益	（1）区内相似性和区间差异性。（2）综合性和主导性。（3）水土保持功能和经济社会条件的一致性。（4）一般以县级行政边界为界。（5）遵循自上而下与自下而上相结合的原则	气象、水文、地貌、土壤等自然条件状况。人口、国民生产总值、农民人均纯收入等经济社会情况	水土保持区划采用定量计算分析的区划方法，对于较高级别的区划，采用自上而下的、定性与定量相结合的分析方法；对于较低级别的区划，采用自下而上的、定量分析的方法，运用层次分析法、系统聚类分析法（HCM）等方法进行分区

续表

区划名称	区划目的	区划原则	区划指标	区划方法
农业干旱与旱灾综合分区	分析自然因素和人类活动因素对农业干旱的影响程度。农业综合干旱区划主要反映自然因素和水利条件—地带性因素和非地带性因素的综合作用	（1）影响农业干旱的自然因素和社会经济条件的相对一致性。 （2）农业干旱的季节性和持续性的相对一致性。 （3）农业防旱减灾能力和可能采取的对策的相对一致性	水资源承载能力指标：人均水资源量、亩均水资源量。 抗旱能力指标：耕地有效灌溉率、水利工程蓄水率。 农业旱灾指标：旱灾频率、受旱率、成灾率	层次分析法
农业干旱分区	在分析和总结多年来旱灾影响因素和旱灾发生规律的基础上，进行农业干旱分区，以便能因地制宜地提出分区的防旱减灾的措施和方向	（1）影响农业干旱的自然因素和社会经济条件的相对一致性。 （2）农业干旱的季节性和持续性的相对一致性。 （3）农业防旱减灾能力和可能采取的对策方向的相对一致性	一级干旱分区划分指标：多年平均水分盈亏值。二级干旱分区划分指标：按干旱主要发生季节属性划分。三级干旱分区划分指标：主导指标有受旱率和成灾比	多准则分级综合评定的方法

2.3　干旱区划的方法和数据

2.3.1　干旱区划的方法

在对上述区划特点分析的基础上，并综合考虑中国干旱的特点，本书采用基于 GIS 技术的区划方法。即利用 GIS 技术可以对区划指标进行细网格化推算，进行数据的采集、计算和显示，得到不同背景下细网格点上的区划指标值，从而使区划结果更加精细准确。该方法主要包括两方面内容。

（1）利用 GIS 空间插值技术对区划指标进行网格化的推算，使得区划由基于统计单元发展为基于相对均质的地理网格单元，大大提高了区划成果的精度和准确度；

（2）利用 GIS 空间叠置分析技术，以区划指标及其权重为条件，对两层或两层以上的图层相关要素进行叠置分析，在叠置过程中可应用传统相似性分析、综合评判分析、主导因子分析等多种方法确定叠置优先级，进行多重叠置，最终形成区划图层。

2.3.2 统计单元及基本数据

本书区划以中国县级以上行政区为统计单元。在进行区划时，分别按照这种统计单元来编制区划底图和处理、统计和计算区划数据。

本书区划采用的数据主要来源于全国水资源综合规划的成果（数据和图件）、相关区划图件等，主要有：

（1）全国多年平均干旱指数等值线图（1980—2000 年）。

（2）全国多年平均年降水量等值线图（1956—2000 年）。

（3）全国多年平均年径流深等值线图（1956—2000 年）。

（4）全国地面降水月值 $0.5° \times 0.5°$ 格点数据集（1961—2012 年）。

（5）全国多年平均年水面蒸发量等值线图（1980—2000 年）。

（6）水资源三级区水资源总量。

（7）水资源三级区套地市水资源总量。

（8）水资源三级区径流 C_v 值。

（9）水资源三级区不同频率年径流量。

（10）中国地理图集。

2.4 干旱区域划分成果

2.4.1 干旱区划一级分区

1. 一级分区目的

揭示形成干旱最基本的自然背景条件及其分布规律，反映气候和地形地貌在中国空间上的差异对干旱形成的影响。

2. 一级分区指标

由前面分析可知，干旱形成自然条件既包括可反映气候背景的气象因素，也包括有下垫面的地形地貌因素。因此在选择一级分区的区划指标时，选用了能够反映大气干湿状态的干旱指数和反映下垫面影响干旱形成的地形地貌指标。

（1）干旱指数。干旱指数是反映气候干湿程度的指标，通常定义为年蒸发能力和年降水量的比值。计算公式为

$$\gamma = \frac{E_0}{P} \tag{2.1}$$

式中 γ——干旱指数；

E_0——年蒸发能力，以 E_{601} 水面蒸发量代替，mm；

P——年降水量，mm。

当 $\gamma < 1.0$ 时，表示该区域蒸发能力小于降水量，该地区为湿润气候，当 $\gamma > 1.0$ 时，即蒸发能力超过降水量，说明该地区气候偏于干燥，γ 值越大，即蒸发能力超过降水量越多，干旱程度越严重。在充分考虑到与中国气候区划图相协调，把干旱指数划分了 5 个档次，分别为湿润、半湿润、半干旱、干旱和极干旱，划分标准见表 2.5。

表 2.5　　　　　　　干 旱 指 数 划 分 标 准

干湿程度	多年平均年干旱指数	干湿程度	多年平均年干旱指数
湿润	$\gamma < 1.0$	干旱	$5.0 \leqslant \gamma < 30.0$
半湿润	$1.0 \leqslant \gamma < 2.0$	极干旱	$\gamma \geqslant 30.0$
半干旱	$2.0 \leqslant \gamma < 5.0$		

（2）地形地貌指标。地貌是指地球表面各种形态的总称。分为山地、高原、盆地、丘陵和平原，各项定义见表 2.6。

表 2.6　　　　　　　　　主 要 地 貌 特 征

类型	海拔高度/m	主要地貌特征
高原	$\geqslant 500$	海拔在 500m 以上、面积较大、顶面起伏较小、外围又较陡的高地
山地	500m 以上，相对高差 200m 以上	山岭、山间谷地和山间盆地的总称，是指海拔在 500m 以上的高地，起伏很大，坡度陡峻，沟谷幽深，一般多呈脉状分布
平原	0～500	平原是地势低平坦荡、面积辽阔广大的陆地。海拔在 0～200m 的称为低平原，海拔在 200～500m（或 600m）的平原称为高平原海拔低于海平面的内陆低地，则称为洼地
丘陵	< 500	指地势起伏不平，连接成大片的小山，海拔高度不超过 500m，相对高度一般在 100m 以下，地势起伏，坡度和缓，称之为丘陵
盆地		把四周高（山地或高原）、中部低（平原或丘陵）的盆状地形称为盆地

根据地形地貌特点，中国地貌区划图将中国自然地理划分为 5 个大区。这 5 大区域自东向西分别为东部低山平原、东南低中山地、北部高中山平原盆地、西南中高山地和青藏高原。

3. 一级分区图编制

本书干旱区划在进行一级分区时，数据采用了水资源综合规划成果，根据

1980—2000 年数据系列编制的《中国多年平均年干旱指数等值线图》(1980—2000 年)。其中,多年平均干旱指数=多年平均年蒸发量/多年平均年降水量。应用 GIS 技术对该图数值化,网格化后,分别提取了基本单元的 2856 个单元的干旱指数值;图 2.2 给出了 GIS 技术细化处理后,按照表 2.5 标准绘制的县级区干旱指数分布图。

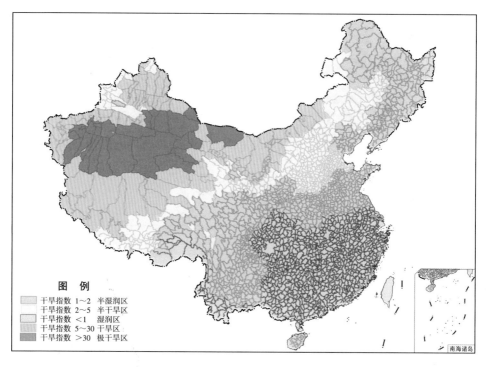

图 2.2　中国县级区的干旱指数分布图

在中国地貌区划中,将中国的地貌分成了:东部低山平原区,东南低中山地区,北部高中山平原盆地区,西南中高山地区和青藏高原区共五大区,见图 2.3。

参考中国气候二级区划和中国地貌区划一级分区,保持气候区与区内地形地貌的相对一致性,并考虑县级行政区(或水资源三级区套地市)边界的完整性。通过 GIS 技术的叠加功能,将干旱指数分布图与地貌区划图中的五个大区相叠加,得到图 2.4。

遵循以干旱指数分布为主,综合考虑中国地貌分布,并保证基本单元的完整性原则,进行干旱区划的一级分区。干旱区划一级分区分为 11 个区,见图 2.5。

图 2.3　中国地貌五大区

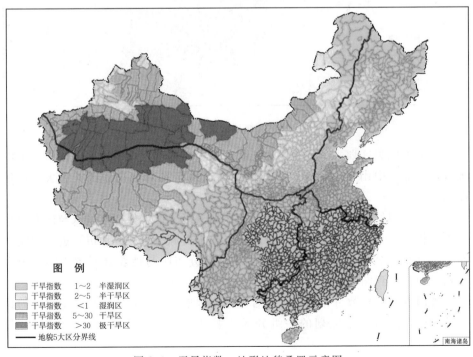

图 2.4　干旱指数—地形地貌叠置示意图

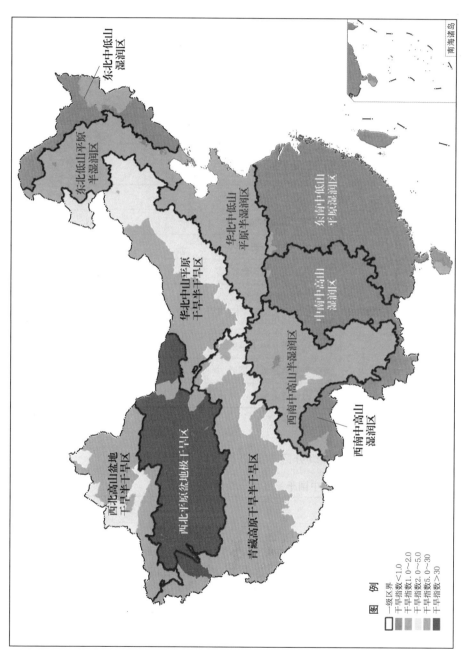

图 2.5　中国干旱区划一级分区图

4. 一级分区命名

干旱区划一级分区命名规则规定如下：

一级分区名字＝地域方位＋地形地貌＋气候干湿程度

一级分区代码按照自北向南，从东到西，按照顺时针方向，对11个一级分区按照罗马数字顺序进行编码，见表2.7。

表2.7　　　　　　　　　中国干旱区划一级分区名及代码

序号	一级分区名	一级分区代码
1	东北中低山湿润区	I
2	东北低山平原半湿润区	II
3	华北中山平原干旱半干旱区	III
4	华北中低山平原半湿润区	IV
5	东南中低山平原湿润区	V
6	中南中高山湿润区	VI
7	西南中高山半湿润区	VII
8	西南中高山湿润区	VIII
9	青藏高原干旱半干旱区	IX
10	西北平原盆地极干旱区	X
11	西北高山盆地干旱半干旱区	XI

5. 一级区主要特征

中国干旱区划11个一级分区中县级行政区个数见表2.8。

表2.8　　　　　　　　　中国干旱区划一级分区统计表

序号	代码	一级分区	单元数/个
1	I	东北中低山湿润区	76
2	II	东北低山平原半湿润区	115
3	III	华北中山平原干旱半干旱区	189
4	IV	华北中低山平原半湿润区	500
5	V	东南中低山平原湿润区	687
6	VI	中南中高山湿润区	306
7	VII	西南中高山半湿润区	199

序号	代码	一级分区	单元数/个
8	Ⅷ	西南中高山湿润区	43
9	Ⅸ	青藏高原干旱半干旱区	85
10	Ⅹ	西北平原盆地极干旱区	27
11	Ⅺ	西北高山盆地干旱半干旱区	64
		合计	2291

2.4.2 干旱区划二级分区

1. 二级分区目的

反映中国下垫面上水资源量在中国空间分布特征和干旱年年径流低于多年平均值的偏离程度。

2. 二级分区指标

二级分区指标采用了反映下垫面水资源量分布情况的水资源产水模数作为二级分区的区划指标，另外还选用了反映年径流在特枯年径流偏少程度的径流负异常系数作为二级分区的区划指标。共计两个二级区划指标。具体介绍如下。

（1）水资源产水模数。水资源产水模数是指单位面积上的水资源总量，计算公式为

$$M = \frac{W}{A} \tag{2.2}$$

式中 M——产水模数，折算成水深，万 m^3/km^2；

W——计算单元水资源总量，万 m^3；

A——计算单元面积，km^2。

产水模数的计算，是在干旱区划底图上应用 GIS 技术，将水资源三级区的水资源总量网格化和单元化，再根据各基本单元面积，由式（2.2）计算得到基本单元的产水模数。

（2）径流负异常系数。径流负异常系数反映的是径流量偏低的严重程度。该系数是采用基本单元 $P=95\%$ 时的年径流量负距平百分率计算得到。径流负异常系数反映了特枯年份年径流量偏离多年平均径流量的程度。年径流负异常系数计算公式如下：

$$D = (\bar{R} - R_{95\%})/\bar{R} \tag{2.3}$$

式中 D——径流负异常系数；

$R_{95\%}$——$P=95\%$ 年份的年径流量，mm；

$\overline{R}$——多年平均年径流量，mm。

径流负异常系数的计算，是应用已有的水资源三级区 $P=95\%$ 年径流量与多年平均径流量，计算出水资源三级区的径流负异常系数，然后在干旱区划底图上应用 GIS 技术，进行网格化和单元化，得到每个基本单元的径流负异常系数。

3. 干旱区划二级分区编制

在进行干旱区划二级分区时，采用了全国水资源综合规划成果——水资源三级区水资源总量、三级区 $P=95\%$ 的年径流量和多年平均年径流量数据，进行区划指标计算，然后应用 GIS 技术对两个指标进行网格化处理，获取了基本单元的区划指标值。

根据中国水资源的分布，并参考《中国水文区划图》的分区含义，以及《中国多年平均年径流深等值线图》（1956—2000 年）中径流分布情况，将产水模数分为 5 档，分别为枯水、少水、平水、多水、丰水。产水模数分档标准见表 2.9。

表 2.9　　　　　　产 水 模 数 分 级 标 准

分级代码	产水模数/（万 m^3/km^2）	水量丰枯程度
A	$M<10$	枯水
B	$10\leqslant M<20$	少水
C	$20\leqslant M<40$	平水
D	$40\leqslant M<80$	多水
E	$M\geqslant80$	丰水

根据表 2.9 的分级标准，得到各计算单元上水资源的产水模数分布图，见图 2.6。

通过分析该系数的分布情况，将径流负异常系数划分为 3 档，分别为轻微异常、一般异常、严重异常。表 2.10 列出了径流负异常系数划分标准。

表 2.10　　　　　径流负异常系数划分标准

分级代码	系数值	异常程度
1	<0.3	轻微异常
2	$0.3\sim0.5$	一般异常
3	>0.5	严重异常

根据表 2.10，对计算出的基本单元径流负异常系数进行分级，得到径流负异常系数的空间分布，见图 2.7。

经过对各种组合进行分析统计，对组合中基本单元极少的进行了合并，得到了中国干旱区划二级分区图，其中，干旱区划二级分了 89 个区，见图 2.8。

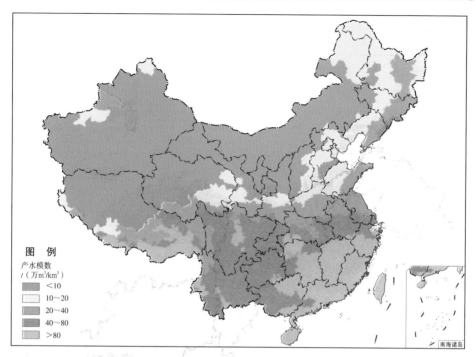

图 2.6　中国产水模数分布图

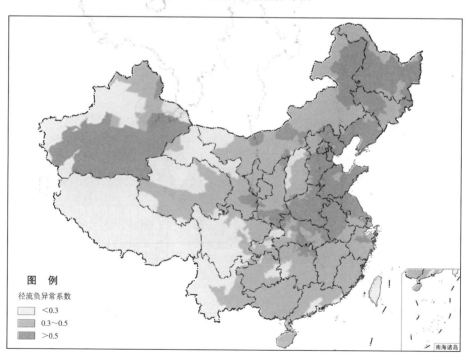

图 2.7　径流负异常系数分布图

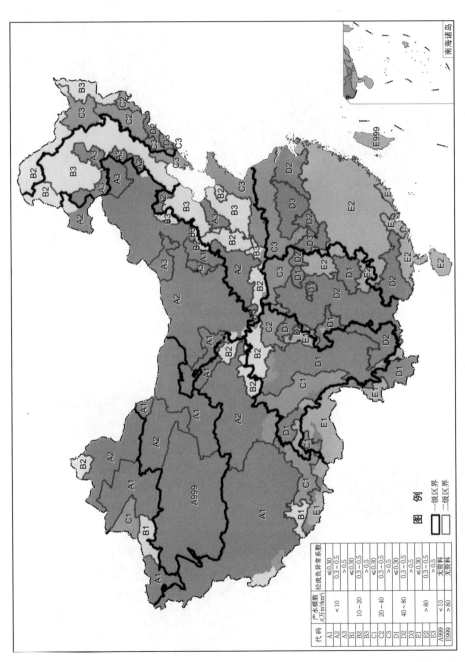

图 2.8　中国干旱区划二级分区图

4. 二级分区命名

由于二级分区有两个指标，因此采用了两个指标等级组合的方式进行二级分区，其中产水模数分成了5档，径流负异常系数分了3档，将这两个指标进行组合，可以有15种组合。因此，二级区的命名，采用以下命名规则：

二级区分区名称＝水资源分级名称＋径流异常分级名称；

二级区分区代码＝一级分区代码（Ⅰ，Ⅱ，Ⅲ，……）＋水资源分级代码（A，B，C，D，E）＋径流异常系数分级代码（1，2，3），见表2.11。

表2.11　　　　　　　　　中国干旱区划二级分区命名表

组合代码	产水模数	径流负异常系数	名称
A1	枯水	轻微异常	枯水轻微异常区
A2		一般异常	枯水一般异常区
A3		严重异常	枯水严重异常区
B1	少水	轻微异常	少水轻微异常区
B2		一般异常	少水一般异常区
B3		严重异常	少水严重异常区
C1	平水	轻微异常	平水轻微异常区
C2		一般异常	平水一般异常区
C3		严重异常	平水严重异常区
D1	多水	轻微异常	多水轻微异常区
D2		一般异常	多水一般异常区
D3		严重异常	多水严重异常区
E1	丰水	轻微异常	丰水轻微异常区
E2		一般异常	丰水一般异常区
E3		严重异常	丰水严重异常区

5. 二级分区特征

干旱区划二级分区共有89个分区，其分布情况见表2.12。

表2.12　　　　　　　　　中国干旱区划二级分区统计表

一级分区代码	一级分区	二级分区数/个
Ⅰ	东北中低山湿润区	8
Ⅱ	东北低山平原半湿润区	7
Ⅲ	华北中山平原干旱半干旱区	10
Ⅳ	华北中低山平原半湿润区	11
Ⅴ	东南中低山平原湿润区	10

一级分区代码	一级分区	二级分区数/个
Ⅵ	中南中高山湿润区	10
Ⅶ	西南中高山半湿润区	10
Ⅷ	西南中高山湿润区	6
Ⅸ	青藏高原干旱半干旱区	8
Ⅹ	西北平原盆地极干旱区	3
Ⅺ	西北高山盆地干旱半干旱区	6
合　　计		89

干旱区划二级分区的 89 个分区的水资源干旱指标属性见表 2.13。

表 2.13　　　　　　　89 个二级分区水资源干旱指标属性表

序号	一级分区	二级分区		产水模数/（万 m³/km²）	径流负异常系数	县级区数/个
		名称	代码			
1	Ⅰ	少水轻微异常区	Ⅰ B2	10～20	0.3～0.5	7
2		少水严重异常区	Ⅰ B3	10～20	＞0.5	13
3		平水一般异常区	Ⅰ C2	20～40	0.3～0.5	15
4		平水严重异常区	Ⅰ C3a	20～40	＞0.5	8
5		平水严重异常区	Ⅰ C3b	20～40	＞0.5	6
6		平水严重异常区	Ⅰ C3c	20～40	＞0.5	17
7		多水轻微异常区	Ⅰ D2	40～80	0.3～0.5	7
8		多水严重异常区	Ⅰ D3	40～80	＞0.5	3
9	Ⅱ	枯水一般异常区	Ⅱ A2	＜10	0.3～0.5	2
10		枯水严重异常区	Ⅱ A3a	＜10	＞0.5	3
11		枯水严重异常区	Ⅱ A3b	＜10	＞0.5	10
12		枯水严重异常区	Ⅱ A3c	＜10	＞0.5	5
13		少水一般异常区	Ⅱ B2	10～20	0.3～0.5	2
14		少水严重异常区	Ⅱ B3	10～20	＞0.5	78
15		平水严重异常区	Ⅱ C3	20～40	＞0.5	15

续表

序号	一级分区	二级分区 名称	二级分区 代码	产水模数/（万 m³/km²）	径流负异常系数	县级区数/个
16	Ⅲ	枯水轻微异常区	ⅢA1a	<10	≤0.30	26
17		枯水轻微异常区	ⅢA1b	<10	≤0.30	14
18		枯水一般异常区	ⅢA2a	<10	0.3～0.5	114
19		枯水一般异常区	ⅢA2b	<10	0.3～0.5	4
20		枯水严重异常区	ⅢA3a	<10	>0.5	4
21		枯水严重异常区	ⅢA3b	<10	>0.5	8
22		枯水严重异常区	ⅢA3c	<10	>0.5	9
23		少水一般异常区	ⅢB2	10～20	0.3～0.5	4
24		少水严重异常区	ⅢB3a	10～20	>0.5	3
25		少水严重异常区	ⅢB3b	10～20	>0.5	3
26	Ⅳ	枯水一般异常区	ⅣA2a	<10	0.3～0.5	79
27		枯水一般异常区	ⅣA2b	<10	0.3～0.5	4
28		枯水严重异常区	ⅣA3a	<10	>0.5	8
29		枯水严重异常区	ⅣA3b	<10	>0.5	48
30		少水一般异常区	ⅣB2a	10～20	0.3～0.5	32
31		少水一般异常区	ⅣB2b	10～20	0.3～0.5	9
32		少水一般异常区	ⅣB2c	10～20	0.3～0.5	48
33		少水严重异常区	ⅣB3a	10～20	>0.5	15
34		少水严重异常区	ⅣB3b	10～20	>0.5	91
35		少水严重异常区	ⅣB3c	10～20	>0.5	73
36		平水严重异常区	ⅣC3	20～40	>0.5	93
37	Ⅴ	平水严重异常区	ⅤC3	20～40	>0.5	97
38		多水一般异常区	ⅤD2a	40～80	0.3～0.5	43
39		多水一般异常区	ⅤD2b	40～80	0.3～0.5	13
40		多水一般异常区	ⅤD2c	40～80	0.3～0.5	57
41		多水严重异常区	ⅤD3a	40～80	>0.5	25
42		多水严重异常区	ⅤD3b	40～80	>0.5	52
43		丰水轻微异常区	ⅤE1a	>80	≤0.30	13
44		丰水轻微异常区	ⅤE1b	>80	≤0.30	12
45		丰水一般异常区	ⅤE2	>80	0.3～0.5	369
46		无资料区	ⅤE999			6

序号	一级分区	二级分区		产水模数/（万 m³/km²）	径流负异常系数	县级区数/个
		名称	代码			
47	Ⅵ	平水一般异常区	ⅥC2	20～40	0.3～0.5	3
48		平水严重异常区	ⅥC3	20～40	＞0.5	31
49		多水轻微异常区	ⅥD1a	40～80	≤0.30	28
50		多水轻微异常区	ⅥD1b	40～80	≤0.30	31
51		多水轻微异常区	ⅥD1c	40～80	≤0.30	10
52		多水一般异常区	ⅥD2a	40～80	0.3～0.5	6
53		多水一般异常区	ⅥD2b	40～80	0.3～0.5	142
54		丰水轻微异常区	ⅥE1	＞80	≤0.30	11
55		丰水一般异常区	ⅥE2a	＞80	0.3～0.5	15
56		丰水一般异常区	ⅥE2b	＞80	0.3～0.5	29
57	Ⅶ	少水一般异常区	ⅦB2	10～20	0.3～0.5	19
58		平水轻微异常区	ⅦC1	20～40	≤0.30	17
59		平水一般异常区	ⅦC2	20～40	0.3～0.5	15
60		多水轻微异常区	ⅦD1a	40～80	≤0.30	79
61		多水轻微异常区	ⅦD1b	40～80	≤0.30	9
62		多水轻微异常区	ⅦD1c	40～80	≤0.30	6
63		多水一般异常区	ⅦD2a	40～80	0.3～0.5	35
64		多水一般异常区	ⅦD2b	40～80	0.3～0.5	5
65		丰水轻微异常区	ⅦE1a	＞80	≤0.30	3
66		丰水轻微异常区	ⅦE1b	＞80	≤0.30	11
67	Ⅷ	平水轻微异常区	ⅧC1	20～40	≤0.30	3
68		多水轻微异常区	ⅧD1a	40～80	≤0.30	15
69		多水轻微异常区	ⅧD1b	40～80	≤0.30	4
70		丰水轻微异常区	ⅧE1a	＞80	≤0.30	3
71		丰水轻微异常区	ⅧE1b	＞80	≤0.30	10
72		丰水轻微异常区	ⅧE1c	20～40	≤0.30	8

续表

序号	一级分区	二级分区		产水模数/（万 m³/km²）	径流负异常系数	县级区数/个
		名称	代码			
73	IX	枯水轻微异常区	ⅨA1a	<10	≤0.30	19
74		枯水轻微异常区	ⅨA1b	<10	≤0.30	3
75		枯水一般异常区	ⅨA2	<10	0.3～0.5	14
76		少水轻微异常区	ⅨB1	10～20	≤0.30	2
77		少水一般异常区	ⅨB2a	10～20	0.3～0.5	10
78		少水一般异常区	ⅨB2b	10～20	0.3～0.5	4
79		平水轻微异常区	ⅨC1	20～40	≤0.30	20
80		丰水轻微异常区	ⅨE1	>80	≤0.30	13
81	X	枯水轻微异常区	ⅩA1	<10	≤0.30	6
82		枯水一般异常区	ⅩA2	<10	0.3～0.5	5
83		无资料区	ⅩA999			16
84	XI	枯水轻微异常区	ⅪA1a	<10	≤0.30	11
85		枯水轻微异常区	ⅪA1b	<10	≤0.30	24
86		枯水一般异常区	ⅪA2	<10	0.3～0.5	12
87		少水轻微异常区	ⅪB1	10～20	≤0.30	5
88		少水一般异常区	ⅪB2	10～20	0.3～0.5	3
89		平水轻微异常区	ⅪC1	20～40	≤0.30	9
合计						2291

2.4.3 干旱区划三级分区

1. 三级分区目的

揭示区域水分亏缺状况，反映中国干旱的空间分布特征和旱情分布规律，可用水分盈亏、干旱频率来反映干旱的分布特征。本书采用水分盈亏程度来描述干旱的地域分布特征。

2. 三级分区指标

选择水分盈亏指数作为干旱区划三级分区的干旱特征指标。水分盈亏指数为水分盈亏值与蒸发能力的比值，反映了当地水分的盈亏程度，计算公式为

$$I_D = \frac{P - E}{E} \tag{2.4}$$

式中 I_D——水分盈亏指数；

       P——多年平均年降水量，mm；

       E——多年平均年蒸发能力，以水面蒸发量代替，mm。

3. 干旱区划三级分区图编制

利用全国多年平均年降水量等值线图（1956—2000 年）和全国多年平均年水面蒸发量等值线图（1980—2000 年）来获取数据，通过应用 GIS 将两张等值线图数值化，得到 2291 个县级行政单元多年平均降水量和多年平均水面蒸发量。需要说明的是，两个等值线图资料系列不一致，由于缺少 1980 年以前的水面蒸发量资料，用 1980—2000 年多年平均水面蒸发量代替 1956—2000 年多年平均水面蒸发量。

考虑到要用水分盈亏指数来反映水分亏缺的地区分布，因此在进行指数分级时对亏缺部分划分了 4 档，盈余部分划分了两档，将微缺和微盈部分合并为基本平衡档。表 2.14 列出了水分盈亏指数的分级标准。

表 2.14   **水分盈亏指数分级标准**

水分盈亏程度	水分盈亏指数 I_D
极度亏缺	$I_D < -0.8$
重度亏缺	$-0.8 \leqslant I_D < -0.6$
中度亏缺	$-0.6 \leqslant I_D < -0.4$
轻度亏缺	$-0.4 \leqslant I_D < -0.2$
基本平衡微缺	$-0.2 \leqslant I_D < 0$
基本平衡微盈	$0 \leqslant I_D < 0.2$
水分盈余	$0.2 \leqslant I_D < 0.6$
水分丰沛	$I_D \geqslant 0.6$

根据式（2.4）可计算出各单元水分盈亏值。经统计分析，划分了 202 个水分盈亏区，形成了干旱区划的三级分区，见图 2.9。

4. 三级分区命名

在划分到三级区后，不再对三级区命名，而是以代码来标示三级分区，三级分区的代码＝一级分区代码＋二级分区代码＋三级分区代码。

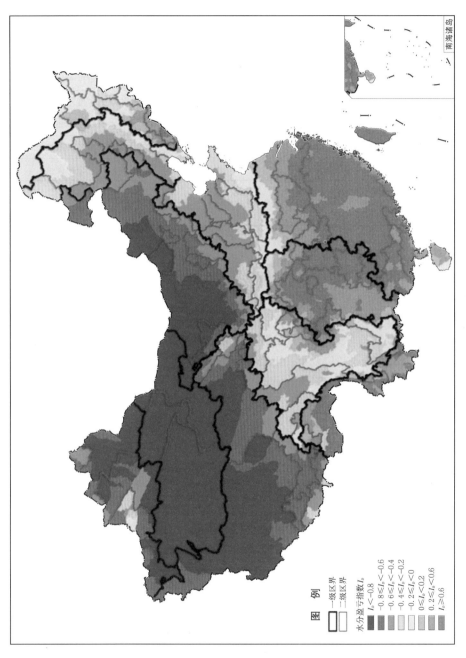

图 2.9　中国干旱区划三级分区图

图　例

一级区界
二级区界

水分盈亏指数 I_b

$I_b < -0.8$
$-0.8 \leq I_b < -0.6$
$-0.6 \leq I_b < -0.4$
$-0.4 \leq I_b < -0.2$
$-0.2 \leq I_b < 0$
$0 \leq I_b < 0.2$
$0.2 \leq I_b < 0.6$
$I_b \geq 0.6$

南海诸岛

三级分区内部代码表见表 2.15。

表 2.15　　　　　　　　　三 级 分 区 代 码 表

水分盈亏指数 I_D	内部代码	说明
$I_D < -0.8$	-8	水分极度亏缺
$-0.8 \leqslant I_D < -0.6$	-7	水分重度亏缺
$-0.6 \leqslant I_D < -0.4$	-6	水分中度亏缺
$-0.4 \leqslant I_D < -0.2$	-5	水分轻度亏缺
$-0.2 \leqslant I_D < 0$	-4	水分基本平衡微缺
$0 \leqslant I_D < 0.2$	-3	水分基本平衡微盈
$0.2 \leqslant I_D < 0.6$	-2	水分盈余
$I_D \geqslant 0.6$	-1	水分丰沛

5. 三级水分盈亏分区特征分析

水分盈亏分区主要根据干旱特征指标来反映自然界水分盈亏状况，因此，每个三级分区都有一个明确的水分盈或亏程度的表达。下面是通过对不同水分盈亏状态的描述，反映三级分区的干旱特征。

（1）水分极度亏缺区。包括新疆、内蒙古西部、甘肃河西走廊、宁夏、西藏西北部和青海西北部地区。年降水量不足 200mm，农田蒸发能力超过 1200mm，农田水分亏缺 1000mm 以上，水分亏缺率在 80% 以上，是中国最干旱的地区。

（2）水分重度亏缺区和中度亏缺区。包括内蒙古草原区，河北、山西、山东西北部和青海东北、西藏东部和新疆北部。年降水量 200～400mm，农田蒸发能力 700～1200mm，农田水分亏缺量 500～1000mm，水分亏缺率在 40%～80%，大致与中国降水半干旱带和径流少水带相当。

（3）水分轻度亏缺区和基本平衡微缺区。包括东北三省中间腹部地区、海河流域、淮河流域北部、黄土高原中东部、川西、滇北和黔西等地区。区内农田水分亏缺量为 0～500mm，随不同地区农田蒸发能力不同而有一定的变化，在东北地区大致与年降水量 700mm 线相当，在南方大致与 700～800mm 线相当，水分亏缺率在 0%～40% 属降水的半湿润带和径流的过渡带。

（4）水分盈余区和水分基本平衡微盈区。包括东北地区东南部、江淮山丘平原、四川盆地南部和云南中部地区。年降水东北为 700mm 以上，南方年降水为 800mm 以上。农田蒸发能力为 800～1200mm，多年平均农田水分盈亏值大于 0，水分盈余率在 0%～60%，为多年平均农田水分盈余区，是中国降水湿润带和径流的多水带。

（5）水分丰沛区。包括东南沿海和云贵高原西南部地区。年降水为900mm以上。农田蒸发能力为600～1200mm，多年平均农田水分盈亏值大于500mm，水分盈余率在≥60％，为多年平均农田水分丰沛区，是中国降水湿润带和径流的丰水带。

第 3 章

中国干旱灾害及演变规律

由于独特的气候条件和海陆分布及地势地貌格局，干旱已成为中国主要自然灾害之一。根据中国自然灾害损失统计，气象灾害损失占全部自然灾害损失的 70% 以上，而旱灾损失占气象灾害损失的 50% 左右。中国干旱灾害频发，影响程度深、范围广、损失大，严重制约了经济社会的可持续发展和粮食安全国家战略。同时，以全球变暖为主要特征的气候变化，加剧了中国干旱和水资源短缺的情势。

本章将从干旱灾害发生频率、时空分布范围和灾害严重程度及其连续干旱年来分析中国干旱灾害的特征及其变化。采用了中国 1950—2012 年共 63 年的中国干旱灾害的系列资料，并应用中国粮食因旱减产率 L 作为进行中国干旱年等级指标。对于省级干旱灾害的系列资料，应用了干旱灾害综合指标进行干旱年等级分析，干旱灾害综合指标是一项反映因旱减产粮食率的当量指标，通过建立因旱粮食减产率与因旱受灾率、成灾率的关系分析得到。其计算方法详见《中国历史干旱》。中国旱灾和省级旱灾等级的干旱灾害等级指标划分标准见表 3.1。根据此划分标准历年中国粮食因旱损失系列资料，可以得到 1950—2012 年中国发生干旱灾害年的等级系列。以此作为干旱灾害特征和演变规律分析的依据。

表 3.1　　旱灾等级指标 L 划分标准

区域 ＼ $L/\%$ 干旱灾害等级	轻旱	中旱	重旱	特旱
全国	$2<L\leqslant3$	$3<L\leqslant5$	$5<L\leqslant7$	$L>7$
大区	$2.5<L\leqslant4$	$4<L\leqslant7$	$7<L\leqslant12$	$L>12$
省（自治区、直辖市）	$3<L\leqslant5$	$5<L\leqslant10$	$10<L\leqslant15$	$L>15$

从干旱灾害发生频率、时空分布范围和灾害严重程度及其连续干旱年来分析中国干旱灾害的特征及其变化。并将 1950—2012 系列年分为 1950—1979 年和 1980—2012 年两段时期来进行对比分析，一般认为后一时期是气候变暖较为明显的时期。因此，通过前后期中国干旱灾害特征的变化，来分析干旱情势的变化。

3.1 干旱灾害及发生频率

3.1.1 干旱灾害的主要特点

由于干旱具有发生范围广、持续时间长的特点，通常会在多个方面造成灾害损失的发生，例如粮食减产、林牧副渔损失、人畜饮水困难、工业生产受阻、土地荒漠化、航运交通中断、生态环境恶化等，这些对国民经济影响非常严重。

中国是一个旱灾频繁发生的国家，每年的旱灾损失占各种自然灾害损失的15%以上，在1950—2012年所统计的5项气候灾害（干旱、雨涝、台风、冻害、干热风）中，旱灾发生频次约占总灾害频次的1/3，为各项灾害之首。近60年来中国的干旱灾害发展具有范围增大和频率加快的趋势。中国干旱灾害影响的范围远大于洪水灾害的范围，根据1950—2012年的资料统计，中国多年平均干旱受灾面积为2128.2万 hm²，干旱受灾面积占全国多年平均水旱受灾总面积的68.5%。图3.1给出了1950—2012年历年干旱受灾面积占全国水旱总受灾面积的比率。

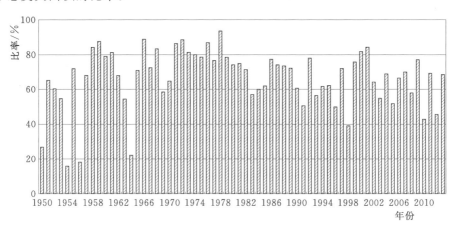

图 3.1 1950—2012 年干旱受灾面积占总水旱受灾面积的比率

从图3.1可以看出，中国因旱受灾面积占总水旱受灾面积的比率超过50%的有56年，占了所统计的63年中的88.9%，可以看出中国几乎每年都有干旱灾害发生，干旱灾害的影响范围也远大于洪水灾害影响范围。

再从干旱发生的持续时间来看，干旱灾害是由于长时期无降水或降水量偏少造成空气干燥、土壤缺水而导致损失的灾害，它因较长时间的气候波动或气候变异引起，干旱发生时间可以持续数月，甚至若干年。这种持续性严重影响到人们的正常生活和生产活动，对社会安定会带来极大的威胁。

3.1.2　干旱灾害的发生频率及变化

对中国干旱灾害系列资料统计分析可知，在 1950—2012 年的 63 年间，中国干旱灾害发生轻旱以上的年份有 51 年，发生频率为 81%，几乎平均 1.2 年就会有干旱发生；其中，发生重旱以上的年份有 23 年，发生频率为 36.5%。反映出中国是一个干旱灾害频发的国家，平均每 2.7 年就会发生重旱等级以上干旱。图 3.2 给出了中国 1950—2012 年历年干旱灾害等级的示意图。

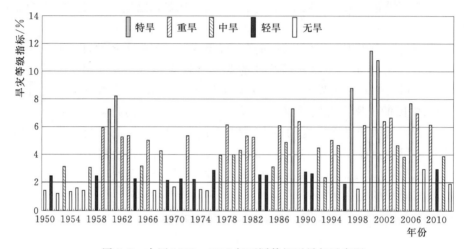

图 3.2　中国 1950—2012 年不同等级干旱年示意图

表 3.2 给出了中国不同时期干旱发生频率。反映了不同时期干旱灾害发生频率的变化。

表 3.2　中国不同时期干旱发生频率

干旱等级	1950—2012 年		1980—2012 年		1950—1979 年		前后期旱灾频率变化/%
	年数	频率/%	年数	频率/%	年数	频率/%	
轻旱以上	51	81.0	30	90.9	21	70.0	20.9
重旱以上	23	36.5	15	45.5	8	26.7	18.8
特旱	7	11.1	5	15.2	2	6.7	8.5

由表 3.2 可知，在 1950—1979 年的 30 年期间，中国发生轻旱以上的年数有 21 年，发生频率为 70%，发生重旱以上的干旱年份为 8 年，发生频率为 26.7%；平均 3～4 年出现一次严重以上的干旱；在 1980—2012 年的 33 年期间，中国发生轻旱以上的年数有 30 年，发生频率为 90.9%，干旱发生频率增加了 20.9%；这一期间发生重旱级以上的年份为 15 年，发生频率为 45.5%，大约每两年中国就要发生一次重旱以上的干旱，比前一时期增加了 18.7%，这后一时期发生重旱以上的频率比 1979 年以前增加了近一倍，可以看出干旱

发生频率在增加。

再从特旱年发生的情况来看：1980 年以前，中国发生特旱的年份有 2 年，特旱发生频率为 6.7%，大约每 15 年要出现一次特旱，1980—2012 年间发生特旱次数为 5 年，特旱发生频率为 15.2%，平均每 6～7 年机会发生特旱，这些说明中国干旱灾害严重程度在加重，干旱灾害的威胁日益加重。图 3.3 给出了中国不同时期干旱频率的变化。

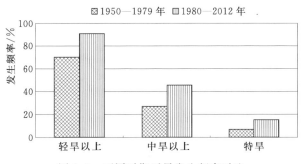

图 3.3　不同时期干旱发生频率对比

表 3.3 给出了中国各省（自治区、直辖市）发生不同等级干旱频率的统计结果。

表 3.3　中国 31 个省（自治区、直辖市）发生不同等级干旱的频率表

省（自治区、直辖市）	1950—2012 年干旱发生频率/%			省（自治区、直辖市）	1950—2012 年干旱发生频率/%		
	轻旱以上	重旱以上	特旱		轻旱以上	重旱以上	特旱
北京	19.05	4.76	0.00	湖北	25.40	9.52	3.17
天津	25.40	11.11	1.59	湖南	12.70	0.00	0.00
河北	36.51	15.87	0.00	广东	11.11	1.59	0.00
山西	57.14	33.33	14.29	广西	15.87	4.76	0.00
内蒙古	63.49	28.57	14.29	海南	17.46	1.59	0.00
辽宁	38.10	26.98	14.29	重庆	75.00	6.25	0.00
吉林	33.33	15.87	7.94	四川	25.40	4.76	0.00
黑龙江	36.51	15.87	6.35	贵州	30.16	14.29	1.59
上海	0.00	0.00	0.00	云南	14.29	3.17	1.59
江苏	12.70	3.17	0.00	西藏	12.70	3.17	1.59
浙江	9.52	0.00	0.00	陕西	61.90	22.22	6.35
安徽	23.81	9.52	3.17	甘肃	65.08	31.75	17.46
福建	9.52	0.00	0.00	青海	33.33	20.63	7.94
江西	9.52	0.00	0.00	宁夏	69.84	30.16	9.52
山东	39.68	22.22	1.59	新疆	7.94	0.00	0.00
河南	33.33	6.35	3.17				

由表3.3可知,1950—2012年间中国发生干旱年数超过20年的有13个省(自治区、直辖市),干旱年数超过30年的省(自治区、直辖市)有6个,分别是山西、内蒙古、重庆、陕西、甘肃和宁夏。

图3.4给出了中国31个省(自治区、直辖市)1950—2012年间干旱发生频率示意图。

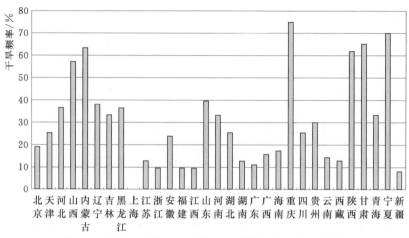

图3.4 各省(自治区、直辖市)干旱发生频率示意图

从图上可以看出,干旱发生频率大于55％的省(自治区、直辖市)有6个省(自治区、直辖市),分别是山西、内蒙古、重庆、陕西、甘肃和宁夏,占了中国省(自治区、直辖市)数的19％,从地域上来看,这些省(自治区、直辖市)都位于中国北方地区,南方地区的省(自治区、直辖市)发生重旱以上发生频率都在30％以下。这说明北方地区干旱发生要比南方地区更为频繁。

图3.5给出了中国31省(自治区、直辖市)1950—1979年和1980—2012年前后两个时期发生重旱以上干旱的频率对比。

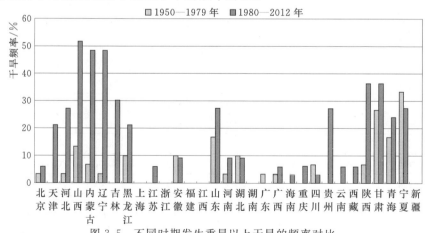

图3.5 不同时期发生重旱以上干旱的频率对比

从干旱发生频率的变化来看，严重以上干旱发生频率增加的有 23 个省（自治区、直辖市），占了总省（自治区、直辖市）数的 74%，减少的有 3 个省（自治区、直辖市）。说明在中国严重干旱发生主要是呈增加趋势。不仅仅是北方地区，在南方地区也有不少省（自治区、直辖市）的严重干旱发生频率在增加，干旱已经从中国北方蔓延到中国南方，使得全国都面临着干旱灾害的威胁。

3.2 干旱灾害的时空变化

3.2.1 干旱灾害的空间分布及变化

从中国各省市的受旱情况分析来看，由于中国地域辽阔，南北方的自然条件、经济发展状况存在着明显的差异，受干旱影响的程度也不一样。根据中国气候、地理条件和干旱的特点，按照中国 31 个省（自治区、直辖市）来分析干旱的空间分布情况，表 3.4 列出了中国南方区和北方区因旱受灾率。

表 3.4　　　　　　　　各省（自治区、直辖市）因旱受灾率表

南方区		北方区	
省（自治区、直辖市）	因旱受灾率/%	省（自治区、直辖市）	因旱受灾率/%
上海	0.56	北京	14.13
江苏	9.36	天津	18.37
浙江	5.09	河北	12.62
安徽	10.37	山西	22.59
福建	8.95	内蒙古	24.91
江西	6.64	辽宁	15.16
湖北	13.07	吉林	17.08
湖南	9.04	黑龙江	15.34
广东	7.01	山东	14.91
广西	11.64	河南	10.97
海南	12.16	陕西	20.14
重庆	14.51	甘肃	20.18
四川	14.22	青海	16.82
贵州	12.68	宁夏	44.41
云南	10.19	新疆	7.16
西藏	14.14	平均	18.32
平均	9.98		

图 3.6 给出了中国 31 个省（自治区、直辖市）多年平均因旱受灾率的示意图。

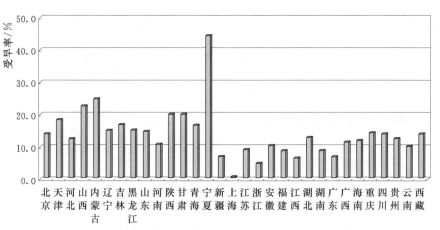

图 3.6　中国 31 个省（自治区、直辖市）多年平均因旱受灾率示意图

由表 3.4 可知，南方地区因旱受灾率在 0.56%～14.51% 之间变化，受旱最严重的是重庆，受旱最轻的是上海，南方地区平均因旱受灾率为 9.98%；而北方地区因旱受灾率在 7.16%～44.41% 之间，受旱最轻的是新疆，受旱最严重的是宁夏，北方地区变化平均因旱受灾率为 18.32%。这些数据说明了，中国受旱严重的省（自治区、直辖市）大都位于北方地区，南方地区相对来说受旱情况要好于北方，这跟南、北方地区自然背景条件的差异有着密切关系。

3.2.2　干旱灾害的时间分布及变化

图 3.7 给出了历年中国发生中旱以上干旱的省（自治区、直辖市）数，从图可知，发生中旱以上干旱的省（自治区、直辖市）数在 1980 年以前平均每年有 6 个省（自治区、直辖市）出现干旱，1980 年以后平均每年发生干旱的省数达到 11 个省（自治区、直辖市），最多的 1992 年甚至有 21 个省（自治区、直辖市）发生干旱，说明 1980 年后中国受旱范围在扩大。

干旱灾害在中国影响的领域也在变化。从历年干旱变化情形来看，干旱灾害及其影响范围已从原来的农业，扩展到了工业、城市、生态等领域，工农业争水、城乡争水和国民经济挤占生态用水现象越来越严重，并且对中国的生态环境也造成了很大的影响。

综上所述，中国干旱灾害严重程度、持续时间和旱灾发生范围都呈现出增加的趋势。与 1979 年以前相比，1979 年以后发生重旱等级以上干旱频次呈增加的趋势。特别是近些年来中国南方地区发生重大干旱的频次增加趋势明显，发生干旱的范围也在扩大，极端干旱的发生频率和严重程度都在增加。因此，必须加大抗旱工作的投入，加快抗旱应急各用水源工程建设，将旱灾损失减少

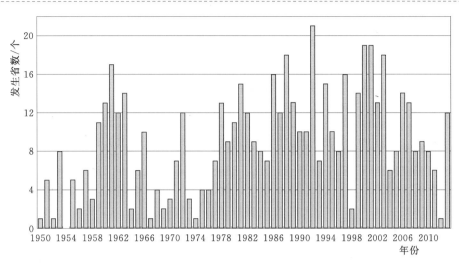

图 3.7 历年中国发生中旱以上干旱的省（自治区、直辖市）数示意图

到最小程度。

3.2.3 连续干旱年特征及变化

干旱灾害特别是多年连续干旱的危害要远大于单一干旱年危害，连续干旱年不仅对农业生产和粮食安全带来极大威胁，同时对中国经济社会发展造成巨大影响。表 3.5 给出了中国 1950—2012 年发生连续重旱以上干旱年组统计结果。

表 3.5　　　　　　　　　　中国连续重旱以上干旱年组统计

次数　　时期 连续年数	1950—2012 年	1950—1979 年	1980—2012 年
2	3	0	3
3	0	0	0
4	0	0	0
5	2	1	1
总年数	16	5	11

从表 3.5 可以看出，在中国发生重旱以上干旱的 23 年中，其中连续重旱以上干旱年有 16 年，发生频率为 25%。从发生的时期来看，在 1950—1979 年期间只出现了一次 1959—1963 年连续五年的严重以上干旱年组，连续干旱年发生频率为 16.7%，而在 1980—2012 年间则发生了 4 次连续干旱年组，包括了 1999—2003 年连续 5 年的干旱年组和 1981—1982 年、1988—1989 年、2006—2007 年 3 个连续两年干旱年组，连续干旱年的发生频率为 33.3%，比1980 年前增加了 16.7%，且发生连续两年干旱的概率也大大增加。

干旱统计资料表明，干旱持续时间已经从原来单季旱发展到出现多季连旱现象，许多地区还经常出现春夏连旱或夏秋连旱，甚至春夏秋三季连旱，严重的甚至出现全年干旱乃至连年干旱的趋势，造成重大的损失和影响。干旱持续时间的延长，对农业生产和粮食安全构成极大威胁。例如，在 1999 年冬旱基础上，2000 年春季和夏季黄淮、江淮持续少雨干旱，东北三省、长江下游和四川先后出现春夏连旱和伏秋旱；2006 年夏季至 2007 年春季重庆、四川的夏秋冬春四季连旱；2008 年冬季至 2009 年春季北方冬麦区严重干旱；2009 秋至 2010 年春的西南五省大旱等等，干旱持续的过程有延长的趋势。同时，近些年来发生连续干旱年的事件多有发生，如 1999—2003 年连续 5 年全国性连续大旱；1997—2000 年北方大部分地区持续 3 年严重干旱；2004 年秋季至 2007 年夏季甘肃东北部持续 3 年干旱等，发生连续干旱年的概率在增加。

3.3 因干旱灾害造成的损失及变化

3.3.1 因旱粮食损失估算

干旱灾害是对中国农业生产危害最大的自然灾害，对国家粮食安全构成潜在威胁。根据中国 1950—2012 年因旱粮食损失数据的统计，可知中国多年平均因旱而造成粮食损失量约为 161.59 亿 kg，多年平均粮食损失率为 4.56%。图 3.8 给出了 1950 年以来中国因旱粮食损失量的变化。

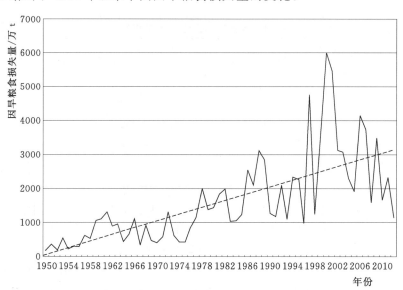

图 3.8　1950－2012 年中国因旱粮食损失量变化示意图

由图可知，1950 年以来因旱粮食损失量呈增加的趋势，特别是在 2000 年和 2001 年，这两年因旱粮食损失量达到了最高，分别为 599.6 亿 kg 和 548.0 亿 kg，粮食损失率分别为 11.5％和 10.8％；因旱造成粮食损失量的增加，给中国的粮食安全带来了威胁，迫切需要为减轻干旱灾害的影响而提高中国的抗旱能力。

3.3.2 旱灾经济损失估算

在中国各省（自治区、直辖市）相关数据调查资料基础上，对 1990—2008 年的中国干旱灾害经济损失进行了初步统计和估算。近年来，中国干旱灾害的影响范围日趋扩展，已从农业、农村，发展到城市和生态，旱灾造成的经济损失，除了农业的粮食生产，经济作物以及林牧渔业外，对城市工业、水电和航运等方面，也造成数量可观的经济损失。另外，干旱缺水对城镇居民饮用水安全和生态的最基本需水，也造成不同程度不同的影响，干旱对人饮和生态用水的影响由于损失难以定量估算，因此，本书旱灾经济损失统计中尚未计入其中。表 3.6 给出了经估算得到的 1990—2008 年历年各项旱灾经济损失值。

表 3.6　　　　　　　　1990—2008 年中国旱灾经济损失　　　　　　单位：亿元

年份	GDP	农业损失	城市和工业损失	总损失量
1990	36780	640.7	511.5	1152.2
1991	40161	719.3	564.5	1283.8
1992	45880	839.7	530.2	1369.9
1993	52277	493.4	453.1	946.5
1994	59119	639.2	477.0	1116.2
1995	65582	526.5	407.0	933.5
1996	72149	405.0	394.5	799.5
1997	78847	682.5	522.3	1204.8
1998	85022	447.8	581.4	1029.2
1999	91511	698.4	845.3	1543.7
2000	99215	990.1	704.0	1694.1
2001	107453	1048.5	779.5	1828
2002	117219	682.0	964.2	1646.2
2003	128970	1081.8	902.1	1983.9
2004	141974	905.6	1398.6	2304.2
2005	156780	839.8	1191.0	2030.8
2006	175045	1103.2	1374.0	2477.2
2007	197868	1186.1	1527.7	2713.8
2008	215585	812.1	125.3	937.4
合计	1967437	14741.7	14253.2	28994.9

从表3.6可知，在这一期间，中国旱灾多年平均经济损失量约1526亿元，约占同期中国年均GDP的1.47%（以2000年计价，下同），其中，农业年均经济损失约776亿元，占同期中国年均旱灾经济损失总量的50.8%，占同期中国年均农业增加值的5%左右；城市工业、服务业、水力发电和航运等方面的年均经济损失，约750亿元，占同期中国年均旱灾经济损失总量的49.2%。1990—2008年中国旱灾经济损失变化情况见图3.9。

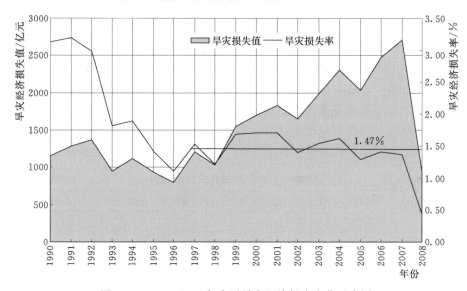

图3.9　1990—2008年中国旱灾经济损失变化示意图

3.3.3 不同年代旱灾损失变化

表3.7给出了中国不同年代受旱率、成灾率和粮食减产率的数值。

表3.7　　　　　　　　不同年代中国干旱灾害情况统计　　　　　　　　%

时间	平均受旱率	平均成灾率	因旱粮食减产率
1950—1959	7.88	3.30	2.43
1960—1969	12.41	5.90	4.46
1970—1979	17.59	5.00	3.17
1980—1989	16.95	8.12	4.81
1990—1999	16.68	7.70	4.13
2000—2009	16.18	9.3	6.76

从中国干旱灾害的受旱、成灾面积占总播种面积的比率变化来看，20世纪50年代中国的平均受旱率和成灾率分别为7.88%和3.30%，到了如今的21世纪10年代，中国的平均受旱率和平均成灾率分别达到了16.18%和9.3%，

分别是原来的 2.1 倍和 2.8 倍,干旱成灾比率从 20 世纪 50 年代的 41%,上升到了目前的 57%,因旱受灾率从 20 世纪 70 年代开始,就基本维持在 16% 以上,而因旱成灾率则是随着时间的推移,呈现出增长的趋势。这些说明了干旱灾害在中国越来越严重。

再从粮食因旱减产率变化来看(见图 3.10),在新中国成立初期为 2.43%,到了 21 世纪已经达到了 6.76%,粮食减产率是 20 世纪 50 年代的 2.8 倍。特别是进入 21 世纪以来,随着干旱灾害严重程度的增加,中国粮食安全受到的威胁也在不断增加。中国干旱灾害的变化特点与人类活动增加和气候变化有着密切的关系。

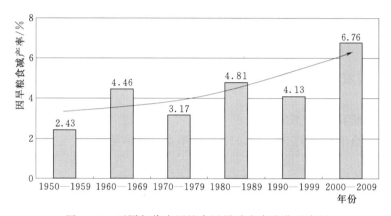

图 3.10 不同年代中国粮食因旱减产率变化示意图

第4章

农业干旱及因旱人畜饮水困难特征

本章以中国 2007 年行政区划中的县级行政区为统计单元，对中国 2863 个统计单元（2859 个县级行政区和 4 个不设县级行政区的地级行政区），采用了 1990—2007 年近 20 年的县级旱情统计资料，对中国农业旱情旱灾特征和变化以及因旱人畜饮水困难特征进行了系统分析。

4.1 中国农业干旱特征

4.1.1 农业因旱受灾成灾情况

图 4.1 给出了中国 1950—2012 年历年农业因旱受灾率、成灾率。

图 4.1 中国 1950—2012 年历年农业因旱受灾率、成灾率示意图

统计表明，中国农业多年平均因旱受灾率为 14.1%，因旱成灾率为 4.73%。其中，因旱受灾率高于 14% 的年份分别出现在 1958—1962 年、1971—1982 年、1985—1989 年、1991—1995 年、1997 年、1999—2003 年、2007 年、2009 年。可以看出，在所统计的 63 年中，中国有 39 年出现了农业干旱，占了统计年份的 61.9%。可以说农业是中国受干旱影响最严重的行业。再根据对农业因旱受灾和成灾数据的对比分析（见图 4.2），可知，中国农业多年平均因旱成灾比达到了 44.1%。

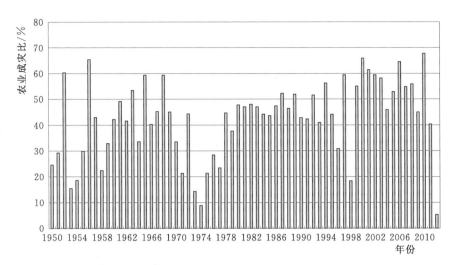

图 4.2 中国 1950—2012 年历年农业因旱成灾比示意图

也就是说农业在遇到干旱年时，因旱造成减产严重的面积平均占受旱面积的 40%，说明干旱对农业产量的影响重大。

4.1.2 农业易旱季节分布特征

1. 易旱季节的确定

文中春旱是指 3—5 月所发生的干旱，夏旱是指 6—8 月所发生的干旱，秋旱是指 9—11 月所发生的干旱，冬旱是指 12 月至次年 2 月发生的干旱。根据中国各县级行政区逐年农业干旱发生的时间，统计出春旱、夏旱、秋旱和冬旱等单季旱以及春夏连旱、夏秋连旱、春夏秋连旱、夏秋冬连旱等连季旱发生的次数，以分析中国农业旱灾的季节特征，并选择县级行政区内干旱发生频次最高的季节为该县（区）的易旱季节。

2. 主要易旱季节的地区分布

通过对中国各县易旱季节的调查和统计分析，得到了中国易旱季节分布图，见图 4.3。

经统计，中国各县（区）的易旱季节的分布见表 4.1。

中国易旱季节的地区分布主要特点为：春夏旱、春旱、夏秋旱和夏旱是中国四个主要的易旱季节；中国北方以春夏旱和春旱为主要的易旱季节，南方则以夏秋旱和夏旱为主要易旱季节；而冬春旱和秋旱主要发生在中国南方地区。

四个主要易旱季节，即春夏旱、春旱、夏秋旱和夏旱在各省（自治区、直辖市）的分布情况如下。

（1）春夏旱。主要分布于河北北部和东南部、山西、内蒙古大部分地区、辽宁和吉林的西部、黑龙江西南部和东北部、江苏北部、安徽北部和中东部、

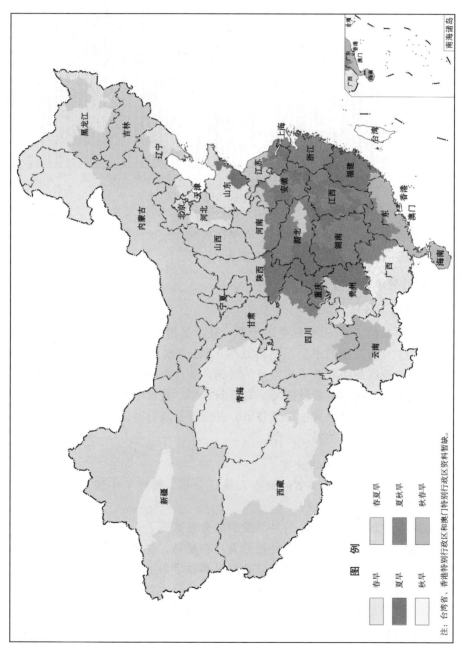

图4.3　中国易旱季节分布图

表 4.1　　　　　　　　　　　各县（区）易旱季节的分布情况表

序号	易旱季节	县(区)数/个	占全国县(区)总数比例/%	南方区		北方区	
				县(区)数/个	所占比例/%	县(区)数/个	所占比例/%
1	春夏旱	1119	39.1	266	23.8	853	76.2
2	春旱	578	20.2	187	32.4	391	67.6
3	夏秋旱	500	17.4	421	84.2	79	15.8
4	夏旱	451	15.8	285	63.2	166	36.8
5	冬春旱	183	6.3	183	100.0	0	0.0
6	秋旱	32	1.1	32	100.0	0	0.0
合计		2863	100.0	1374		1489	

河南北部、湖北中东部、四川大部分地区、贵州中部、西藏东部和西部、陕西中部和北部、甘肃大部分地区、青海东部以及宁夏和新疆的大部分地区等。

（2）春旱。主要发生在北京和天津、河北东北部和西南部、内蒙古东北部、辽宁中部和东部、黑龙江中部和西北部、山东大部分地区、湖北中南部、湖南北部、广西西部和南部、贵州西部、云南西部和东南部、西藏中部和北部、青海中部和西部、宁夏北部以及新疆中部等。

（3）夏秋旱。主要发生在江苏东南部和西南部、浙江、安徽南部和中北部、江西中部和南部、河南南部、湖北北部、湖南中部和南部、广东北部、广西东部、重庆西部以及四川东部等。

（4）夏旱。主要分布于吉林中部和东部、江苏中南部、安徽西部和中南部、福建大部、江西局部地区、山东东南部、湖北东南部和西南部、湖南西北部和东北部、重庆大部、贵州东部、陕西南部、甘肃西北部以及新疆北部等。

4.1.3　农业旱灾易发地区分布特征

1. 易旱县的定义及干旱等级划分标准

农业易旱县是指经常发生某种等级农业干旱的县级行政区。农业易旱县主要有两层含义：一是指县（区）发生农业旱灾的严重程度；二是指县（区）某一等级农业干旱发生频率较高。

依据旱灾损失率指标来划分农业旱灾等级，并采用因旱粮食损失率 L 来近似代替农业旱灾损失率。以因旱粮食损失率为划分指标，将农业旱灾等级分为轻度旱灾、中度旱灾、严重旱灾和特大旱灾 4 个等级。县级行政区不同程度旱灾等级划分标准见表 4.2。

表 4.2　　　县级旱灾等级划分标准表（以因旱粮食损失率 L 为指标）　　　%

旱灾等级	无旱	轻度旱灾	中度旱灾	严重旱灾	特大旱灾
划分标准	$L<5$	$5\leqslant L<10$	$10\leqslant L<20$	$20\leqslant L<40$	$L\geqslant40$

注　因旱粮食损失率 $L=$（因旱粮食损失量/正常年粮食产量）$\times100\%$

　　根据旱灾等级划分标准对县级行政区的旱灾等级进行划分，可得到各县级行政区历年旱灾等级系列，通过分析不同等级干旱发生的频率，得出该县级行政区的易旱等级。

　　根据旱情等级划分标准，农业易旱县又可分为严重旱灾易发县、中度旱灾易发县和轻度以下旱灾易发县三大类，将严重旱灾易发县和中度旱灾易发县统称为中度以上旱灾易发县。

　　2. 农业旱灾易发县统计

　　通过对中国 2863 个统计单位 1990—2007 年农业受旱成灾资料系列以及降水系列、来水系列等数据的调查和统计分析，并参考 1990 年以前发生的旱灾系列资料等，得到中国农业旱灾易发县分布情况。农业易旱县的调查统计结果见表 4.3。

表 4.3　　　　　　　　中国农业易旱县调查统计结果

地区	统计单元数	严重旱灾易发县		中度旱灾易发县		轻度以下旱灾易发县		中度以上旱灾易发县	
		县数/个	所占比例/%	县数/个	所占比例/%	县数/个	所占比例/%	县数/个	所占比例/%
全国	2863	473	16.5	1135	39.6	1178	41.1	1608	56.2
东北	288	32	11.1	48	16.7	208	72.2	80	27.8
黄淮海	626	224	35.8	300	47.9	102	16.3	524	83.7
长江中下游	643	41	6.4	275	42.8	327	50.9	316	49.1
华南	338	0	0.0	46	13.6	292	86.4	46	13.6
西南	511	30	5.9	287	56.2	161	31.5	317	62.0
西北	457	146	31.9	179	39.2	88	19.3	325	71.1

　　可以看出，中国 2863 个统计单元中，严重旱灾易发县有 473 个，占全国总统计单元数的 16.5%；中度旱灾易发县有 1135 个，占全国总统计单元数的 39.6%，轻度以下旱灾易发县有 1178 个，占总统计单元数的 41.1%。因此，中度以上旱灾易发县共有 1608 个，占全国总统计单元数的 56.2%。中国不同等级农业易旱县的比例示意图见图 4.4。

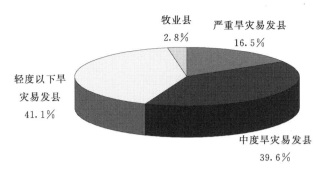

图 4.4　中国不同等级农业易旱县所占比例图

3. 农业旱灾易发县地区分布

从农业易旱县的地区分布来看，中旱以上县中有 974 个县（区）位于中国的北方，634 个县位于中国的南方，其中 473 个严重旱灾易发县中有 85.0% 的县位于中国北方。在 1135 个中度旱灾易发县中，南方和北方分别占总数的 49.6% 和 50.4%。农业易旱县在中国六大片的分布情况见图 4.5，农业易旱县分布图见图 4.6。

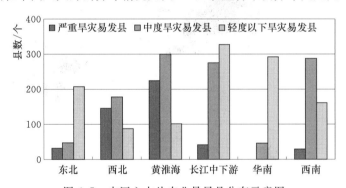

图 4.5　中国六大片农业易旱县分布示意图

中国黄淮海地区和西北地区是严重旱灾易发县较为集中的地区，而中度旱灾易发县主要分布在黄淮海地区、长江中下游地区和西南地区。从易旱县的省（自治区）分布情况看，中国有 17 个省（自治区）有严重旱灾易发县存在，其中严重旱灾易发县在 59 个以上的有 4 个省（自治区），分别为河北、内蒙古、河南和山西。中国有 28 个省（自治区）有中度旱灾易发县存在，其中中度旱灾易发县数在 66 以上的 8 个省，分别为河北、山东、河南、湖南、四川、贵州、云南、陕西。中国中度旱灾以上县分布较多的省区为河北、山西、内蒙古、江西、山东、河南、湖南、四川、贵州、云南、陕西 11 个省（自治区），中度旱灾以上县数都超过了 70 个县（区），其中河北、山西、河南和四川省的中度旱灾以上县数都超过了 100 个县（区）；中度旱灾以上县占各自省总县数的比例较高的有河北、山西、河南和内蒙古 4 个省（自治区）。

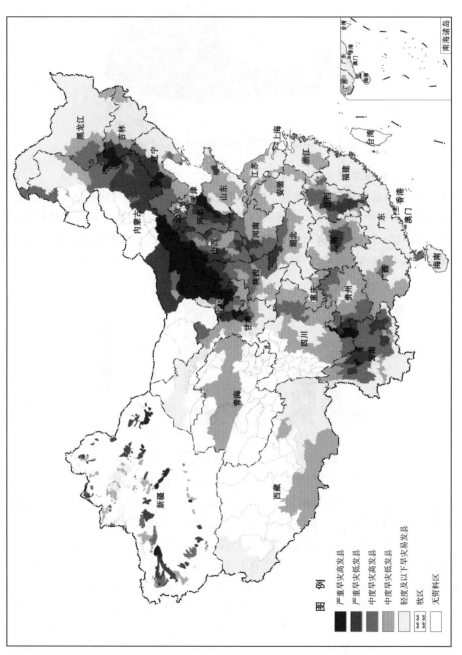

图 4.6　中国农业易旱县分布图

4. 特旱县分布

本书对 1990 年以来发生过因旱年粮食损失量大于 40% 的县称之为发生过特大干旱的县（简称特旱县，下同）。经统计，中国特旱县分布情况见表 4.4。

表 4.4　　　　　　　　　　中国特旱县分布情况

地区	统计单元数/个	特旱县	
		县数/个	所占比例/%
全国	2863	935	32.7
东北	288	67	23.3
黄淮海	626	305	48.7
长江中下游	643	110	17.1
华南	338	45	13.3
西南	511	190	37.2
西北	457	218	47.7

1990 年以来，中国有 935 个县发生过特大干旱，占全国总统计单元的 32.7%，主要分布在中国 26 省级行政区。特大干旱县数占本省总县数 60% 以上的省份有陕西、云南、贵州、河北、河南和山西。从区域分布情况看，特旱县主要分布在中国的黄淮海地区和西北地区，这两个地区特旱县数分别占了中国特旱县总数的 32.5% 和 23.4%，其次为西南地区，占特旱县总数的 20.3%。中国特旱县分布情况见图 4.7。

4.2　中国因旱人畜饮水困难特征

4.2.1　因旱人畜饮水困难概述

中国是一个地广人多的国家，政府历来都很重视人畜饮水问题。多年来，已经有大量人畜饮水问题得到了解决，但是导致人畜饮水困难的因素很多，受水文、地理、水资源条件和状况等自然因素和经济、社会发展水平等的制约，中国大部分农村供水以传统、落后、小型、分散、简陋的供水设施为主，自来水普及率低，导致农村人畜饮水困难，特别是发生严重干旱时，因旱引起的农村人畜饮水困难问题更加突出。如 2009 年底至 2010 年初的西南五省大旱，导致 2425 万人、1584 万头大牲畜因旱饮水困难问题的发生。

参考 2004 年 11 月水利部和卫生部联合颁布的《农村饮用水安全卫生评价指标体系》的标准，以及《村镇供水工程技术规范》（SL 310—2004），本书中因旱饮水困难人口是指因干旱造成农村居民饮用水水量标准低于基本安全水量评价指标或供水保证率低于 90% 的人口。不同地区农村人饮水量基本安全评

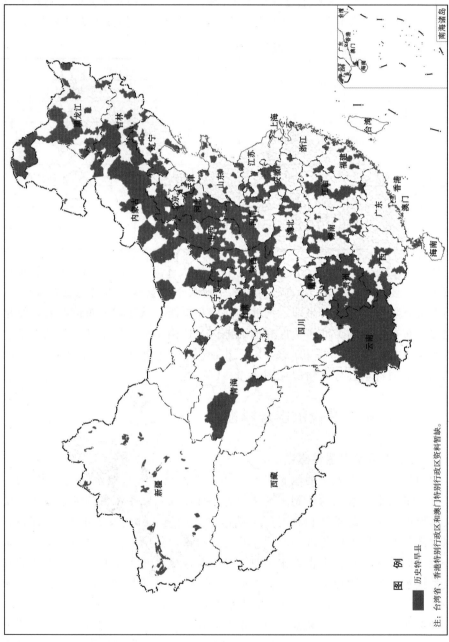

图 4.7　中国特旱县分布图

价指标值有所不同，见表4.5。定义因干旱造成大牲畜饮水量低于30L/（头·d）时的牲畜为因旱饮水困难牲畜。

表4.5 农村生活饮用水水量评价指标 单位：L/（人·d）

分区	一区	二区	三区	四区	五区
安全	40	45	50	55	60
基本安全	20	25	30	35	40

一区包括：新疆，西藏，青海，甘肃，宁夏，内蒙古西北部，陕西、山西黄土高原丘陵沟壑区，四川西部。

二区包括：黑龙江，吉林，辽宁，内蒙古西北部以外地区，河北北部。

三区包括：北京，天津，山东，河南，河北北部以外地区，陕西关中平原地区，山西黄土高原丘陵沟壑区以外地区，安徽、江苏北部。

四区包括：重庆，贵州，云南南部以外地区，四川西部以外地区，广西西北部，湖北、湖南西部山区，陕西南部。

五区包括：上海，浙江，福建，江西，广东，海南，安徽、江苏北部以外地区，广西西北部以外地区，湖北、湖南西部山区以外地区，云南南部。

本表不含香港特别行政区、澳门特别行政区和台湾省。

4.2.2 因旱人口饮水困难程度和变化

经过统计，1990年以来中国平均因旱饮水困难人口数为6098万人，占全国同期平均乡村人口总数的7.53％。中国因旱饮水困难人口最高达到1992年的8000多万人，最低也达到1998年的4000多万人。多年平均因旱饮水困难人口占相应年份中国乡村人口的比例最高到9.6％，最低为5.2％。1990—2007年中国的因旱饮水困难人口，以及因旱饮水困难人口占乡村人口的比例情况见表4.6。

表4.6 中国因旱人饮困难数量及比例

年份	因旱饮水困难人口/万人	乡村人口/万人	因旱饮水困难人口占乡村人口的比例/％
1990	5498	84138	6.5
1991	6461	84620	7.6
1992	8123	84996	9.6
1993	5492	85344	6.4
1994	6032	85681	7.0
1995	5436	85947	6.3
1996	4425	85085	5.2
1997	6685	84177	7.9
1998	4347	83153	5.2

续表

年份	因旱饮水困难人口/万人	乡村人口/万人	因旱饮水困难人口占乡村人口的比例/%
1999	6075	82038	7.4
2000	6729	80837	8.3
2001	7745	79563	9.7
2002	5804	78241	7.4
2003	6495	76851	8.5
2004	5639	75705	7.4
2005	6080	74544	8.2
2006	7162	73742	9.7
2007	5529	72750	7.6
平均	6098	80967	7.6

注　表中中国乡村人口来源《新中国六十年统计资料汇编》中的中国乡村总人口。

中国因旱饮水困难人口数量的变化及五年滑动平均趋势见图4.8。因旱饮水困难人口占相应年份中国乡村人口数量的比例变化及五年滑动平均趋势见图4.9。

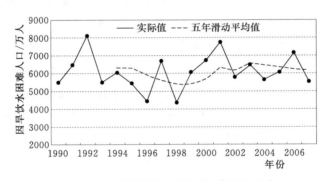

图4.8　中国因旱饮水困难人口数量的变化

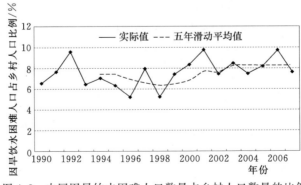

图4.9　中国因旱饮水困难人口数量占乡村人口数量的比例

从统计表可知，中国多年平均因旱饮水困难人口为 6000 万人/年，其中 1992、2001、2006 年是最为严重的 3 年。从 1998 年后因旱饮水困难人口有弱增长的趋势。

中国因旱饮水困难人数占全国乡村人口总数的比率变化范围在 5%～10% 之间。因旱饮水困难人口占乡村总人口比例也是从 1998 年以后有弱增长的趋势。

4.2.3 因旱牲畜饮水困难程度和变化

1990—2007 年中国的因旱饮水困难大牲畜数，以及因旱饮水困难大牲畜占大牲畜总数的比例情况见表 4.7。

表 4.7 　　　　　　　　中国因旱饮水困难牲畜数量及比例

年份	因旱饮水困难大牲畜数/万头	大牲畜总数/万头	因旱饮水困难大牲畜数占大牲畜总数比例/%
1990	3654	14471	25.2
1991	4482	14373	31.2
1992	4039	14532	27.8
1993	3747	14812	25.3
1994	3357	15204	22.1
1995	3415	16055	21.3
1996	3001	16977	17.7
1997	4020	16430	24.5
1998	2803	16088	17.4
1999	3683	16155	22.8
2000	4271	16406	26.0
2001	4984	16490	30.2
2002	3615	16377	22.1
2003	3997	16521	24.2
2004	3427	16948	20.2
2005	3804	17288	22.0
2006	4902	17278	28.4
2007	3556	14461	24.6
平均	3820	15937	24.0

注 表中中国总牲畜数量来源《新中国六十年统计资料汇编》中的各省牲畜数量之和。

1990 年以来，中国平均因旱饮水困难牲畜数为 3820 万头，占全国同期平均大牲畜总数的 24.0%。从因旱饮水困难牲畜的数量统计情况来看，因旱饮水困难牲畜数最多达到 2001 年的约 5000 万头，最少也达到 1998 年的 2800 多万头，平均为3820万头。中国因旱饮水困难牲畜数量占相应年份中国总牲畜数量的比例最大为31.2%，最小为17.4%。

中国因旱饮水困难牲畜数量的变化及5年滑动平均趋势，以及因旱饮水困难牲畜数量占全国总牲畜数量的比例变化及五年滑动平均趋势见图4.10和图4.11。

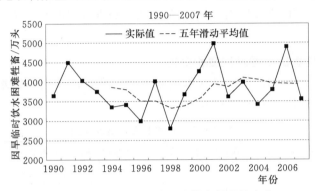

图4.10　中国因旱饮水困难牲畜数量的变化

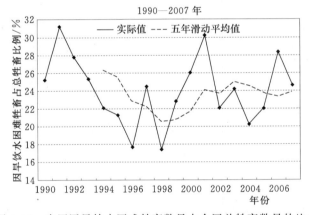

图4.11　中国因旱饮水困难牲畜数量占全国总牲畜数量的比例

从统计表和变化图来看，多年平均因旱饮水困难牲畜数量为3820万头/年，1991、2001、2006年是最为严重的3年。1990—2007年因旱饮水困难牲畜数量的变化从1998年以后有增加的趋势。

中国因旱饮水困难牲畜数量占全国牲畜总数的比率在16%～31%之间变化。因旱饮水困难牲畜数量占相应年份总牲畜数量比例也是从1998年以后有增加的趋势。

4.2.4　因旱人畜饮水困难县分布

以2863个县级行政区为单元，对因旱饮水困难人口状况进行了调查统计。本书定义因旱饮水困难人口数大于1万的县级行政区为因旱人饮困难县，根据统计资料，中国因旱对人饮造成影响的县（区）有2465个，占所统计县（区）

数的 86.1%。因旱人饮困难县共有 1400 个，占总县级单元的 48.9%，其中因旱饮水困难人口 1 万~5 万人的县级区共有 964 个县，占总县级区的 33.7%，因旱饮水困难人口大于 5 万人的县级区有 436 个，占总县级区的 15.2%。各省（自治区、直辖市）因旱人饮困难县见表 4.8，中国多年平均因旱人饮困难县分布见图 4.12。

表 4.8　　　　各省（自治区、直辖市）因旱人饮困难县统计表

省（自治区、直辖市）	因旱人饮困难县数/个	省（自治区、直辖市）	因旱人饮困难县数/个
北京	1	湖北	51
天津	3	湖南	92
河北	144	广东	25
山西	58	广西	50
内蒙古	85	海南	9
辽宁	28	重庆	31
吉林	37	四川	91
黑龙江	22	贵州	79
上海	0	云南	97
江苏	16	西藏	0
浙江	1	陕西	85
安徽	53	甘肃	61
福建	12	青海	13
江西	52	宁夏	14
山东	84	新疆	34
河南	72	合计	1400

中国因旱人饮困难县主要分布在河北、内蒙古、山东、河南、湖南、四川、贵州、云南和陕西等省区，这些省区因旱人饮困难县超过了 70 个县。其中，河北省和云南省的因旱人饮困难县（区）分别为 144 个县和 97 个县，是因旱人饮困难县最多的省份。

本书定义因旱饮水困难牲畜数大于 1 万头的县级行政区作为因旱畜饮困难县。以中国 2863 个县级行政区为统计单元，对 1990—2007 年因旱畜饮困难县进行了统计，见表 4.9。中国因旱对牲畜饮水造成影响的县（区）有 2332 个，占所统计县（区）数的 81.4%。因旱畜饮困难县有 903 个，占所统计县（区）数的 31.5%，其中，因旱饮水困难牲畜 1 万~5 万头的县级区有 702 个，占所统计县（区）数的 24.5%。因旱饮水困难牲畜大于 5 万头的县级区有 201 个，占所统计县（区）数的 7.0%。中国多年平均因旱畜饮困难县分布见图 4.13。

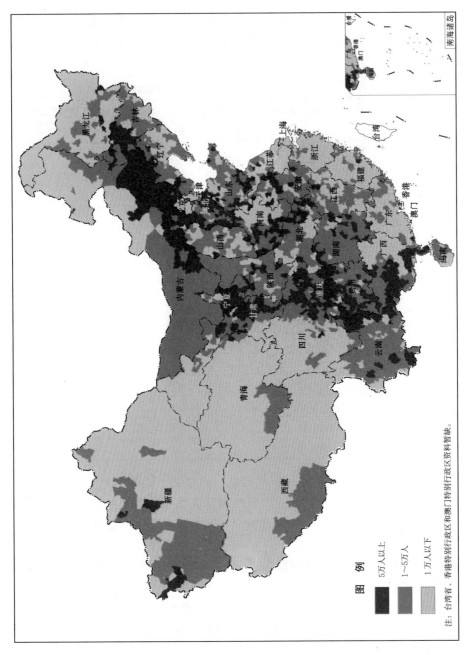

图 4.12　中国多年平均因旱人饮困难县分布图

注：台湾省、香港特别行政区和澳门特别行政区资料暂缺。

图　例

5万人以上

1～5万人

1万人以下

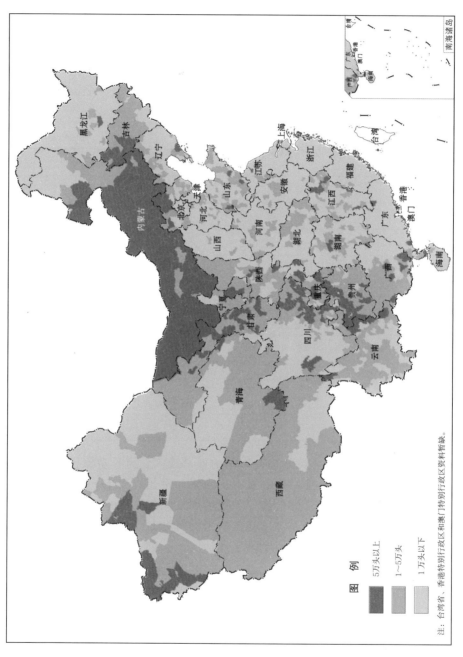

图 4.13 中国多年平均因旱畜饮水困难县分布图

图 例

5万头以上
1～5万头
1万头以下

注：台湾省、香港特别行政区和澳门特别行政区资料暂缺。

表 4.9　　　　　各省（自治区、直辖市）因旱畜饮困难县统计表

省（自治区、直辖市）	因旱畜饮困难县数/个	省（自治区、直辖市）	因旱畜饮困难县数/个
北京	0	湖北	25
天津	2	湖南	28
河北	36	广东	6
山西	4	广西	50
内蒙古	89	海南	0
辽宁	14	重庆	21
吉林	39	四川	89
黑龙江	8	贵州	75
上海	0	云南	62
江苏	2	西藏	0
浙江	0	陕西	69
安徽	10	甘肃	79
福建	2	青海	30
江西	32	宁夏	9
山东	49	新疆	53
河南	20	合计	903

　　中国因旱畜饮困难县主要分布在中国的西部地区，因旱畜饮困难县大于60 个县（区）的省（自治区）有内蒙古、四川、贵州、云南、陕西、甘肃。综合因旱人畜饮水困难状况，中国因旱人饮困难人口大于 300 万人、同时因旱畜饮困难牲畜数大于 200 万头的省（自治区）有四川、云南、甘肃、贵州和内蒙古，是中国因旱人畜饮水困难较为严重的地区。

4.3　综合干旱县分析

　　根据前面的分析结论，中国因旱人饮困难县、特大旱县和中旱以上易旱县共计 2025 个（扣除重叠县），同时具备三类干旱类型特征的县（以下简称综合干旱县）584 个，综合干旱县的统计见图 4.14。

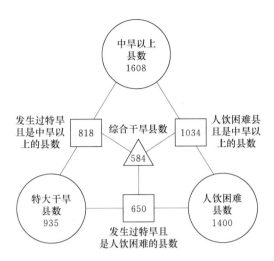

图 4.14　综合干旱县分布图

综合干旱县统计与分布情况见表 4.10 和图 4.15。

表 4.10　　　　　　　　综合干旱县统计情况

省（自治区、直辖市）	综合干旱县数/个	省（自治区、直辖市）	综合干旱县数/个
北京	0	湖南	13
天津	2	广东	2
河北	101	广西	30
山西	36	海南	0
内蒙古	43	重庆	1
辽宁	12	四川	4
吉林	10	贵州	60
黑龙江	3	云南	73
江苏	2	西藏	0
浙江	0	陕西	67

续表

省（自治区、直辖市）	综合干旱县数/个	省（自治区、直辖市）	综合干旱县数/个
安徽	10	甘肃	26
福建	0	青海	1
江西	20	宁夏	2
山东	8	新疆	9
河南	38	合计	584
湖北	11		

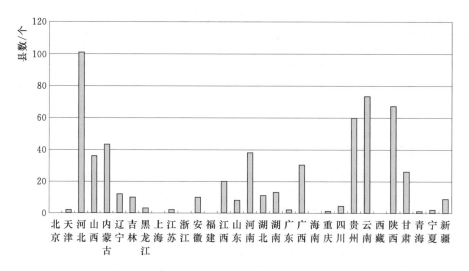

图4.15　各省（自治区、直辖市）综合干旱县数

综合干旱县主要集中于中国的河北、云南、陕西、贵州和内蒙古，这5个省（自治区）的综合干旱县数都超过了40个，占本省总统计单元中的比例都达到了42%以上。中国综合干旱县分布见图4.16，从图上看出，综合干旱县主要位于中国的西南地区和北方地区，是中国抗旱能力较弱的区域。

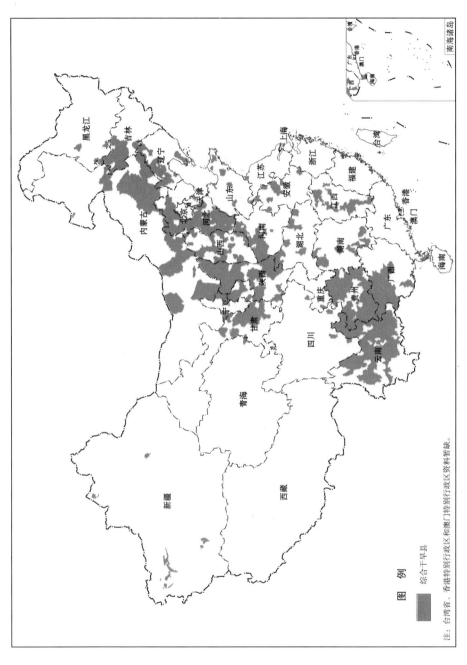

图 4.16 中国综合干旱县分布图

图 例

综合干旱县

注：台湾省、香港特别行政区和澳门特别行政区资料暂缺。

第5章

中国城市缺水特征及应急能力

自古以来，人们逐水而居，而作为人类聚居地的城市，对水资源的依赖决定了城市与水不可分离的关系。管仲在《管子》中说："凡立国都，非与大山之下，必于广川之上。高毋近旱而水用足，下毋近水而沟防省。因天材，就地利。"寥寥几十字，道出了城市起源与水的关系——"因水而兴"。在中国，无论是数以千年计的历史古城，还是近代以来新建的城市，无不位于河川之畔、江湖之滨。作为一种重要的物质资源，供给城市的生活用水和生产用水，为人们的定居和生活生产创造了先决条件，为进一步的人口聚集提供了资源支持。一旦城市的需水量超过了城市的供水极限，导致城市缺水，或是由于没有很好地处理城市发展与水系统的关系，或是由于环境变化而影响了城市与水的布局时，水就成为城市进一步发展的制约瓶颈。

近年来，随着城市建设、工业发展和城市人口的增加，城市生活和生产用水也在逐步增长，城市水资源供需矛盾日趋尖锐，城市缺水频频发生，严重制约了城市经济的发展。另外，气候变化引起的极端气候事件频发也进一步导致中国城市干旱情势日益严峻，城市居民的生活和生产用水面临着较大风险。虽然一些城市目前已经或正在规划建设应急备用水源工程设施，但无论在数量和规模上都不能充分保障城市的用水要求，更有许多城市目前尚未建设有效的应急备用水源工程设施，这将给今后的抗旱工作带来重大隐患。

5.1 城市干旱缺水现状及变化

5.1.1 中国城市概况

本书以中华人民共和国 2007 年行政区划中所给出的城市作为分析对象。2007 年中国列为建制市的城市共有 655 座，其中 4 座为直辖市，283 座为地级市，368 座为县级市。

根据地理位置、流域水系特点、气候类型和水资源禀赋特点等因素，将中国划分为 6 个区域来进行分析，这 6 个区域分别为东北地区、黄淮海地区、西北地区、长江中下游地区、华南地区和西南地区，表 5.1 列出了各个区域内所包含的省级行政区数量和相应的城市数量。

表5.1 中国城市地域分布

区域	省级行政区数/个	城市数/座			
		直辖市	地级市	县级市	合计
东北地区	3	0	34	55	89
黄淮海地区	6	2	56	85	143
西北地区	6	0	39	41	80
长江中下游地区	7	1	77	104	182
华南地区	4	0	46	50	96
西南地区	5	1	31	33	65
合计	31	4	283	368	655

东北地区包括辽宁省、吉林省、黑龙江省3个省级行政区，区域内含89个建制市，其中34个地级市，55个县级市。东北地区属于黑龙江流域片，大多位于半湿润地区。多年平均降水量从东南向西北逐渐递减，介于300～1000mm之间。除辽宁部分地区外，其余大部分地区水资源条件较好。

黄淮海地区包括北京市、天津市、河北省、山西省、山东省、河南省6个省级行政区，区域内含143个建制市，其中2个直辖市，56个地级市，85个县级市。黄淮海地区位于半湿润半干旱带，大部分地区多年平均降水量为400～800mm，地表水资源贫乏，人均水资源占有量少，地下水大量超采，造成许多城市地下水位不断下降，水污染严重，生态环境遭到破坏，工农业争水矛盾严重，缺水已成为黄淮海地区经济社会发展的重要制约因素。

西北地区包括内蒙古自治区、陕西省、甘肃省、青海省、宁夏回族自治区、新疆维吾尔自治区6个省级行政区，区域内含80个建制市，其中39个地级市，41个县级市。西北地区大部分地处大陆腹地，内陆区大部分为盆地或沙漠区，干旱少雨，年降水量在400mm以下，且蒸发能力强。对水质的评价结果表明内陆片是中国水污染较少的地区。

长江中下游地区包括上海市、江苏省、浙江省、安徽省、江西省、湖北省、湖南省7个省级行政区，区域内含182个建制市，其中1个直辖市，77个地级市，104个县级市。长江中下游地区处于亚热带季风气候区，温暖湿润，多年平均降水量为800～1600mm，水量丰富，长江为沿江的城市带来丰沛的过境水，为区域内城市的经济发展提供了可靠的水资源保障。

华南地区包括福建省、广东省、广西壮族自治区、海南省4个省级行政区，区域内含96个建制市，其中46个地级市，50个县级市。华南地区在珠江流域和东南沿海诸河流域，属湿润季风气候，雨水充沛，为中国产水量最多的地区之一，水质良好。

西南地区包括重庆市、四川省、贵州省、云南省、西藏自治区 5 个省级行政区，区域内含 65 个建制市，其中 1 个直辖市，31 个地级市，33 个县级市。西南地区处于中国东部季风区与青藏高寒区的过渡带，除西藏外，其余部分水量较丰沛，水质也较好。但西南地区诸河多属跨境河流，且河流切割很深导致田高水低，现状水资源开发利用的工程条件较差，水资源利用程度很低，今后水资源的开发利用的潜力很大。

5.1.2　中国城市干旱缺水现状

根据城市发生缺水的成因，一般可以按资源型缺水、水质型缺水和工程型缺水进行缺水城市类型划分。资源型缺水城市是由于水资源短缺，城市需水量超过了当地水资源承载能力所造成的缺水情况；水质型缺水城市是由于长期以来人们对水资源的脆弱性没有给予足够重视，从而导致城市供水水源被污水和废水所污染，造成水源的可利用程度下降，可利用水量减少而引起的缺水情况；工程型缺水城市是由于缺少水源工程使得城市的供水量不能充分满足需水要求而造成的缺水情况。在出现气候干旱的时候，原本就水资源短缺的城市和缺少水源工程的城市更容易发生严重的灾情。

随着城市人口的增加和城市化、工业化的快速发展，城市生活和生产用水也在逐步增长，同时随着气候变暖与气候极端事件的频发，城市水资源供需矛盾日趋尖锐，城市缺水频频发生，对城市的生活和生产构成威胁，制约城市经济社会的可持续发展。20 世纪 70 年代以后，中国经济迅速蓬勃发展，经济总量迅速增加，综合国力日益增强，城市化建设进程逐年加快。新中国成立以来兴建的水利工程和城市供水基础设施已经渐渐不能满足城市发展的需要，城市生活和生产对水资源需求的数量和质量不断提高，城市供水安全的问题越来越凸显出来，出现缺水情况的城市数量明显增加，起初是从北方和沿海部分城市开始，逐步扩大至全国范围。据数值统计，在中国已经设立的 655 座建制市中，曾经发生过缺水的城市有 404 座，占城市总数的 61.7%。而 2000—2007 年 8 年间就有 331 座发生过缺水，占城市总数的 50.5%，即有一半以上城市发生过缺水情况。在这 331 座城市中，缺水率大于 5% 的严重缺水城市有 175 座，占城市总数的 26.7%，即发生过严重缺水的城市超过了城市总数的 1/4。

在 2000 年以来发生过干旱缺水情况的 331 座城市中，东北地区有 57 座，占东北地区城市数量的 64.0%，占全国干旱缺水城市数量的 17.2%。黄淮海地区有 134 座，占黄淮海地区城市数量的 93.7%，占全国干旱缺水城市数量的 40.5%。西北地区有 62 座，占西北地区城市数量的 77.5%，占全国干旱缺水城市数量的 18.7%。长江中下游地区有 42 座，占长江中下游地区城市数量的 23.1%，占全国干旱缺水城市数量的 12.7%。华南地区有 8 座，占华南地区城市数量的 8.3%，占全国干旱缺水城市数量的 2.4%。西南地区有 28 座，占西南地区城市数量的 43.1%，占全国干旱缺水城市数量的 8.5%。从占地区城市总数比例上来看，黄淮海地区最大，占 93.7%，下面依次为西北地区、东北地区、西南地区、长江中下游地区，而华南地区最小，占 8.3%。从占全国干旱缺水城市比例来看，黄淮海地区最大，占 40.5%，下面依次为西北地区、东北地区、长江中下游地区、西南地区，而华南地区最小，占 2.4%。中国分区干旱缺水城市统计情况可参见图 5.1，图中的缺水城市指缺水率在 1%～5% 的城市，严重缺水城市指缺水率大于 5% 的城市。

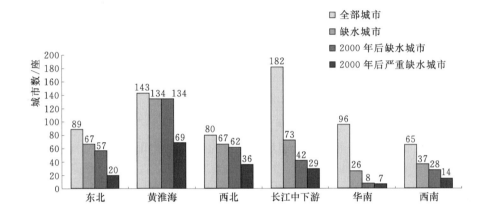

图 5.1　中国分区干旱缺水城市统计

根据《中国城市统计年鉴》的统计说明，按城市人口的规模大小作为划分标准，把人口数量在 200 万以上的城市称为超大城市，100 万～200 万人口的城市称为特大城市，50 万～100 万人口的城市称为大城市，20 万～50 万人口的城市称为中等城市，人口数量在 20 万以下的城市称为小城市。中国现有的 655 座建制市中，超大城市有 33 座，占城市比例为 5.0%，特大城市有 53 座，占城市比例为 8.1%，大城市有 89 座，占城市比例为 13.6%，中等城市有 211 座，占城市比例为 32.2%，小城市有 269 座，占城市比例为 41.1%，中小城市占城市比例超过七成，比例接近 3/4。

在 33 座超大城市中，有 18 座城市发生过干旱缺水，比例为 54.6%。53 座特大城市中，有 29 座城市发生过干旱缺水，比例为 54.7%。89 座大城市中，有 46 座城市发生过干旱缺水，比例为 51.7%。211 座中等城市中，有 96 座城市发生过干旱缺水，比例为 45.5%。269 座小城市中，有 142 座城市发生过干旱缺水，比例为 52.8%。总体而言，各类城市中干旱缺水城市的比例都在 50% 左右，人口在 20 万～50 万的中等城市情况稍好。干旱缺水城市在各类城市中的比重情况可参见图 5.2。

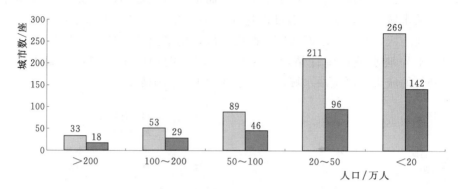

图 5.2 干旱缺水城市在各类城市中的比重

从全国范围来看，2000 年以来出现过缺水率超过 5％严重干旱缺水事件一次以上的城市共有 175 座，占全国城市总数的 26.7％；出现过缺水率在 1％～5％一般性干旱缺水事件一次以上的城市共有 156 座，占城市总数的 23.8％；两者合计 331 座，占全国城市总数的 50.5％；有 324 座城市基本上没有发生过干旱缺水事件，占全国城市总数的 49.5％。中国城市干旱缺水程度统计情况见图 5.3。

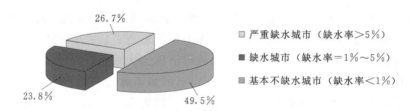

图 5.3 中国城市干旱缺水程度统计

按省级行政区进行划分，境内干旱缺水城市数量占城市总数比例超过一半的有：东北地区的辽宁省、吉林省、黑龙江省 3 个省级行政区，即东北地区的所有省级行政区；黄淮海地区的北京市、天津市、河北省、山东省、山西省、河南省 6 个省级行政区，即黄淮海地区的所有省级行政区；西北地区的陕西省、甘肃省、宁夏回族自治区、新疆维吾尔自治区、内蒙古自治区 5 个省级行政区；长江中下游地区的湖南省、江西省 2 个省级行政区，西南地区的四川省、西藏自治区 2 个省级行政区，其他省级行政区内的干旱缺水城市数量较少，如华南地区的 4 个省级行政区。中国分省干旱缺水城市分布情况可参见图 5.4。

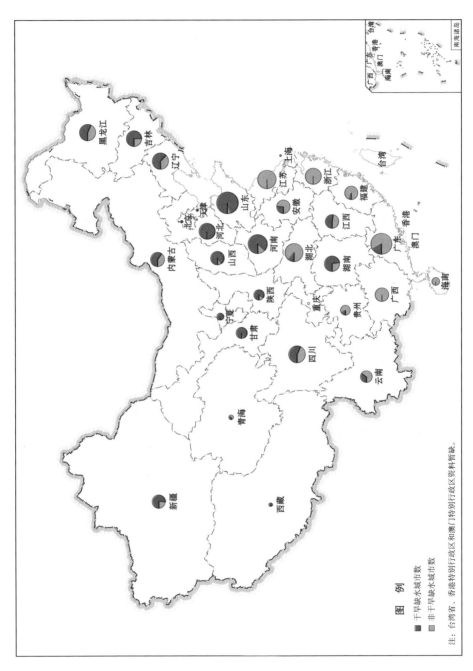

图例

■ 干旱缺水城市数

■ 非干旱缺水城市数

注：台湾省、香港特别行政区和澳门特别行政区资料暂缺。

图 5.4 中国各省（自治区、直辖市）干旱缺水城市分布示意图

总体而言，中国北方省级行政区的城市干旱缺水的情况比较突出，南方除少数省级行政区外，城市发生干旱缺水的情况并不普遍。

5.1.3　中国干旱缺水城市的变化

20 世纪 70 年代以前，中国干旱缺水事件只在少数城市个别年份发生；70 年代后，特别是 80 年代以来，发生严重干旱缺水事件的城市数量和发生次数有明显增长的势头。

据不完全统计，20 世纪 70 年代前，中国有 8 座地级以上城市（邯郸市、保定市、沧州市、唐山市、秦皇岛市、铜川市、郑州市、青岛市）发生过 16 次严重干旱缺水事件，这些城市主要位于黄淮海地区的河北省、河南省、山东省，西北地区的陕西省境内，共涉及 4 个省级行政区范围。

70—80 年代，有 16 座地级以上城市（北京市、邯郸市、邢台市、石家庄市、唐山市、秦皇岛市、保定市、青岛市、天津市、金昌市、铜川市、郑州市、宝鸡市、长春市、遵义市、个旧市）发生 32 次严重干旱缺水事件，除黄淮海地区和西北地区的受灾城市有所增加外，东北地区的吉林省，西南地区的贵州省、云南省也有城市出现灾情，共涉及 7 个省级行政区范围。

80—90 年代，有 45 座地级以上城市共发生 135 次严重干旱缺水事件，受灾城市覆盖了黄淮海地区北京市、天津市、河北省、河南省、山东省、山西省，东北地区的辽宁省、吉林省，西北地区的陕西省、新疆维吾尔自治区，长江中下游地区的江苏省，西南地区的贵州省、云南省所辖区域，共涉及 13 个省级行政区范围，受旱城市数量和旱情都有进一步增加。

进入 21 世纪以来，已经有 82 座地级以上城市，另外还有 93 座县级市发生过严重干旱缺水事件，发生次数共计达到 782 次，受灾城市覆盖了东北地区的辽宁省、吉林省、黑龙江省，黄淮海地区的北京市、天津市、河北省、河南省、山东省、山西省，西北地区的陕西省、甘肃省、宁夏回族自治区、新疆维吾尔自治区、内蒙古自治区，长江中下游地区的安徽省、江西省、湖北省、湖南省，华南地区的广东省，西南地区的四川省、贵州省、云南省所辖区域，共涉及 22 个省级行政区范围。

根据以上统计数据可以发现，20 世纪 70 年代以来以 10 年间隔跨度为例，中国发生严重干旱缺水的城市数量和灾情的发生次数都显示明显的增长趋势，覆盖范围也明显扩大，有从中国北部逐渐扩展到南部的现象。20 世纪 70 年代以来中国城市发生严重干旱缺水情况的统计可参见图 5.5。

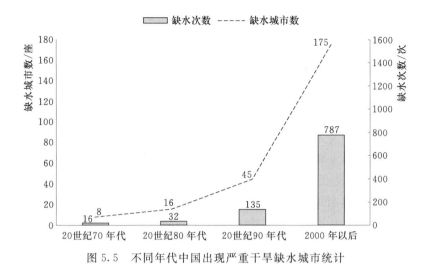

图 5.5 不同年代中国出现严重干旱缺水城市统计

5.2 城市应急备用水源工程供水能力

5.2.1 城市应急备用水源工程概述

随着中国城市化规模的不断发展扩大（大城市发展为特大城市或超大城市，中小城市发展为大城市），城市供水安全问题显得越来越突出，城市用水保障程度（用供水保证率表示）亟待进一步提高。面对这样的形势，一方面应着力建设节水型社会，优化产业结构，限制耗水产业的发展，提高工业用水重复利用率，限制废污水排放量，另一方面要规划开发新水源工程，加强城市供水管网配套建设，改变城市依靠单一水源的供水方式，扩大非常规水源利用规模。

对城市供水而言，要提高城市用水保障率，建立备用的应急供水设施是当务之急。应急备用水源工程是指在出现因干旱缺水或是其他突发事件（比如水污染）的供水危机时期，为保证城市正常运转，向城市紧急供水的那部分水源工程。城市应急备用水源工程供水能力是指城市在遭遇供水危机时，在尽可能利用现有水源，充分发挥取水、净水设施能力，合理地进行输配水管理，并力求在供水过程中做到安全、可靠、经济合理，最大程度地满足和保证城市居民正常生活用水，以及尽量保证对社会和国民经济具有重大影响的生产部门用水的能力。

应急备用水源的主要特点有：一是备用水源规模要适度，其目的主要是保障紧急情况下城市的基本用水需求，特别是生活用水的需求，不是整个城市的全部用水，避免不必要的浪费；二是备用水源不能比常用水源的水质差，因为备用水源主要供水目标之一是饮用水源，其水质应该保证，水源地及周边的水资源保护要求应该更高；三是备用水源的运用主要应从应急的角度考虑，不宜作为常用水源使用。在城市主要水源出现问题时，不可能完全靠备用水源来解决全城的供水问题，而应该与严格的需求管理和应急管理结合，重点保证应急情况下的居民生活用水、医院和食品生产等民生用水。

近年来，随着全球范围内自然灾害和人为突发性事件的频发，人们防范次生饮水危机的意识在不断增强。目前，应急水源已经成为许多国家和地区供水安全保障体系中一个重要的组成部分。美国国会于 1998 年颁布了《国家干旱政策法》，美国众议院 2002 年通过了《国家干旱预防法》，并据此在联邦应急管理局内设立了国家干旱理事会，以协调联邦政府和非联邦政府机构之间的关系，新罕布什尔州环境服务部专门就地下水应急水源井的启动及相关程序做了规定。英国达芙堡大学 20 世纪 90 年代编制了专门的规范来规范和指导应急水源地选址和应急水源处理工作。联合国"国际水文计划"也为提高人们在突发性和极端性气候条事件状态下的应急供水能力设立专题开展了大量研究工作。在国内，国土资源部要求各地要加强重要城市、重要工业基地和其他重要基础设施所在地应急水源地的勘察，为紧急状态下的供水安全提供备用水源地和优质水资源。

5.2.2　城市应急备用水源工程建设现状

近年来，中国一些地方政府陆续组织开展了一系列的应急备用水源地论证、建设和运行管理工作。北京市自 2003 年起先后建成和启动了怀柔、平谷、房山、昌平等四大应急水源地，供水源也呈多元化，既有密云水库等地表水，也有深层地下水、跨流域调水等；天津市在市区北部建立的一座应急水源地 2003 年正式开始向市区应急供水；重庆水源形成了嘉陵江、长江的"两江互济"的双水源格局；山东省于 2006 年启动了全省重点城市应急供水水源地调查工作，并为 17 个重点城市规划了应急水源地；河南省于 2007 年为 22 个城市规划了应急水源地；黑龙江的哈尔滨、齐齐哈尔、大庆等城市也因为西泉眼水库、嫩江引水等应急备用水源工程的建设，基本上保障了城市的供水；江苏省的无锡市已经率先形成了太湖、长江"双源供水、管网互通、双重保险"的应急备用水源格局。此外，河北省、吉林省、山西省、江苏省、浙江省、江西省、广东省和云南省均已开展了应急水源地的勘察评价、规划论证和建设工作。

图 5.6 为 2007 年中国各省（自治区、直辖市）已有应急备用水源工程城市的所占比例情况。

图 5.7 为 2007 年中国各省（自治区、直辖市）已有应急备用水源工程城市的分布情况。

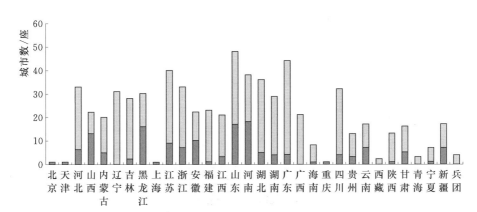

图 5.6　2007 年中国各省（自治区、直辖市）已有应急备用水源工程城市所占比例

5.2.3 城市应急备用水源工程供水能力

调查统计结果表明，中国已建有应急备用水源工程的城市总数为 152 座，占全部城市总数的 23.2%，比例不到 1/4。虽然中国大部分省级行政区都有部分城市规划和建设了一些应急备用水源，但这部分城市所占的比例大都不到全省城市数量的一半。相对比较好的有北京市、天津市、上海市、重庆市、山西省、黑龙江省、安徽省、河南省 8 个省级行政区（其中 4 个为直辖市），其具备应急备用水源城市的数量接近或超过境内全部城市数量的 50%。河北省、内蒙古自治区、江苏省、浙江省、江西省、山东省、湖北省、湖南省、广东省、四川省、贵州省、云南省、甘肃省、新疆维吾尔自治区 14 个省级行政区具备应急备用水源的城市的数量均低于境内全部城市数量的 50%。特别是辽宁省、吉林省、福建省、广西壮族自治区、海南省、西藏自治区、陕西省、青海省、宁夏回族自治区 9 个省级行政区具备应急备用水源的城市的数量占境内全部城市数量的比例极低。

1. 城市应急备用水源工程的类型和特点

需要指出的是，应急备用水源的建设率并不能完全代表其使用效果。应急备用水源可以分为河流型、湖库型和地下水型 3 种类型。2011 年 6 月发生的浙江省杭州市新安江苯酚污染事件就暴露出了应急备用水源不足的问题。据估算，杭州市主城区每天需水量大约是 100 多万 t，而两个应急备用水源贴沙河和珊瑚沙水库的可供应时间仅能维持一天半左右，假如遇到突发性水污染事故和连续干旱年、特殊干旱年等情况，应对将极为被动。对一个城市来说，建设应急备用水源是一项艰巨的工程，总体规划设计、居民以及污染企业的动迁、

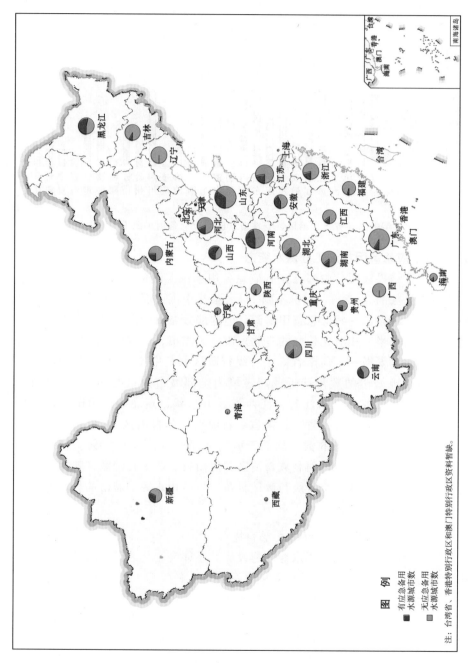

图 5.7　2007 年中国各省（自治区、直辖市）已有应急备用水源工程城市分布示意图

注：台湾省、香港特别行政区和澳门特别行政区资料暂缺。

水源地保护区的建立等工作，需要动用大量的人力、物力和财力。对于应急备用水源地的建设，应本着"类型互补、水量保证、加强保护、科学管理"的原则，进行水源选址和工程建设，做到合理规划、严格论证、科学决策。在选择应急备用水源时，应考虑与在用水源类型的不同，保障水源不会同时出现问题。常用水源是河流型时，应选择地下水型或者湖库型水源作为应急备用水源，其目的是为了避免水源同时受到污染时无法保障供水。如江西省南昌市的饮用水水源均分布在赣江沿线，水源类型单一，一旦出现事故，赣江沿线水源将无一幸免，因此南昌市正在考虑是否将柘林湖作为应急备用水源。类似的还有江西省九江市，九江市除了长江水外没有其他应急备用水源，九江市拟将水量、水质符合饮用水要求的赛城湖建设为九江市的备用水源。城市的水源均为地表水源（河流型或湖库型）时，应考虑改变取水方式，如采用傍河取水的方式，增加地表水到达取水口流程的时间，降低污染风险，或者采用与相邻地区联网供水的方式，解决单一水源的问题。同时，应急备用水源水质应满足《地表水环境质量标准》（GB 3838—2002）Ⅲ类水的标准并应有一定的水量保证。应急备用水源应有管网与水厂直接相连，且应保证日常维护，确保在最短的响应时间内启动正常供水。

与科学、合理地建设城市应急备用水源地相比，加强应急备用水源的保护和监督管理更加重要。应急备用水源应执行与常用水源相同的管理要求。要划定饮用水水源保护区，加强保护区内污染源及违规行为的整治、加强保护区内非点源控制；开展水源地水质常规监测，定期开展水质分析，加强保护区上游的风险控制和预警等。

2. 城市应急备用水源工程供水能力分析

（1）城市人均应急备用供水量。表 5.2 为 2007 年中国城市人均应急备用供水量统计（按旱期 3 个月统计），从一个侧面表征了中国城市应急备用供水工程设施的供水能力，这也是反映一个城市应急供水能力的重要指标。按旱期 3 个月统计，如果以人均 60L/d 作为可以维持城市生活和生产运行所必要的最低限度供水量。那么根据现有统计数据，在现有 152 座建有应急备用水源的城市中，人均应急备用供水量大于 60L/d 的有 87 座城市，占已有应急备用水源城市总数的 57.6%，而人均应急备用供水量小于 60L/d 的有 64 座城市，即有 42.4% 的城市虽然建设了应急备用水源，但是在遭遇旱情时，仍然不能充分保障城市居民生活所必要的基本用水量。

统计数据表明，如果以人均 60L/d 作为可以维持城市生活和生产运行所必要的最低限度供水量，也就是作为城市应急供水安全的基本要求，那么在中国现有 655 座城市中，只有 13.3% 的城市的应急备用水源具有实际安全应急供水功能，可以基本保障旱情发生期间城市居民生活所必要的基本用水量。还有 9.8％的城市的应急备用水源达不到实际安全应急供水功能，不能充分保障旱情发生期间城市居民生活所必要的基本用水量。余下有 76.9％的城市目前尚无有效地应急备用水源，旱情发生期间城市居民生活所必要的基本用水量无法得到保障。所以，为了今后能够有效地防止在旱情发生时不致出现城市用水危机，目前中国有 86.7％的城市的应急备用供水能力需要得到有效加强。

表 5.2　　　　　　　　　2007 年中国城市应急备用人均供水量统计

（按旱期 3 个月统计）

应急备用人均供水量/(L/d)	城市数/座
＞500	26
＞200	51
＞100	70
＞80	79
＞60	87
＞40	106
＞20	124
＞0	152
＝0	503

从统计数据中还可以看出，在现有的 152 座建有应急备用水源工程的城市中，有 51 座城市的人均应急供水量大于 200L/d，远远超出了人均 60L/d 的维持城市生活和生产运行所必要的最低限度供水量，这是因为，在多数情况下，一部分城市的应急备用水源工程是作为城市第二水源地规划建设的，其供水对象不仅仅是干旱危机期城市的居民生活用水、医院和食品生产等民生用水，还要为重要企业的生产提供用水保障，甚至平时就担负着城市常用水源一部分正常供水任务，所以这一部分水源的可供水量按人口数量统计应急供水量时数值偏大。

（2）城市应急备用水源保障天数。在旱情发生时考量一个城市应急供水能力的另一个重要指标是城市应急备用水源的保障天数。人均 60L/d 是维持城市运行所必要的最低限度供水量，但仅仅是一个基本保障，如果将城市正常生产用水考虑为供水对象的情况下，统计各城市应急备用水源的保障天数，能够更加充分地反映该城市的抗旱能力。

表 5.3 是在考虑城市生产用水的情况下各城市的应急备用水源的保障天数统计。如果按 30d（1 个月）作为保障城市应急供水的时限，则有 61 座城市的

应急备用水源满足条件，占全国城市总数的比例为 9.3%。如果按 90d（3 个月）为保障城市应急供水的时限，则只有 31 座城市的应急备用水源满足要求，这个数目要小于按人均 60L/d（旱期 3 个月）为定额计算的 87 座城市的结果，比例为 35.6%。

表 5.3　　　　　　　　2007 年中国城市应急备用水源保障天数统计

应急备用水源供水保障天数/d	城市数/座
>90	31
>60	40
>30	61
>20	69
>10	96
>5	116
>0	152
=0	503

3. 城市应急备用水源工程建设存在的问题和对策

从以上初步统计分析结果可知，目前从中国范围来说，应急备用水源的建设存在着严重滞后的问题，将近九成的城市不能保障干旱缺水危机时期的用水需求。虽然近年来中国城市建设应急备用水源的步伐不断加快，拥有应急备用水源的城市数量也在不断增加，但仍然存在着保障水量不足的问题。目前寻找水质好、水量足、位置近的城市应急备用水源地并不容易，这也是城市应急备用水源地的建设进展缓慢的主要原因。即便找到了符合标准的好水，应急备用水源地的建立也并非易事。距离过远使得建设工程投资过高，维护管理难度更大。对一个城市来说，建设应急备用水源工程涉及总体规划设计、居民及污染企业的动迁、水源地保护区划定等很多方面，需要动用巨大的人力、物力和财力。例如，甘肃省兰州市第二水源地正是因为卡了在了投资上，拟选址的刘家峡水库引水前期工程因为投资巨大被暂时搁置。江苏省南京市原计划将石臼湖和金牛湖建成应急备用水源地，但因为距离过远而迟迟没有开工。一些距离城市较近的尚未开发的水源地，因为土地增值等原因先后转为城市建设用地，这使得水源地只能到更远地方寻找。综上所述，中国开展城市应急备用水源建设工作任重道远，需要尽早进行必要的工程规划，否则将会给今后的抗旱工作带来重大隐患。

5.3　城市应急抗旱能力分析与评估

5.3.1　城市应急抗旱能力的影响因素

城市应急抗旱能力是指在遭遇干旱危机时（主要指发生超出供水保证率以外的干旱缺水事件时），城市所能启动用于应急供水（维持一定的生产、生活次序的能力）的各种能力的总和，也就是体现在通过采用各种工程和非工程措施应对干旱危机后产生的总体效果。城市在干旱缺水危机期的应急供水能力决定了当时城市的生产、生活可以维持的用水水平和持续时间。

城市应急抗旱能力强弱受到多方面因素综合作用的影响，主要如下。

1. 城市的干旱背景和经济情况

不同地区的城市其干旱背景条件也不同，中国干旱半干旱地区（如西北地区、黄淮海地区）的城市遭遇干旱的机会就较多，反之亦然。当城市的发展水平与水资源利用的程度不相适应的时候，干旱发生时缺水带来的危害就会更大。经济社会状况也对城市的抗旱能力有影响，城市在发生干旱危机时用来保障居民生活用水和经济生产用水安全所采取的对策和措施，都会受到城市经济实力的约束，如城市的人口、城市的国内生产总值、城市的经济结构和生产水平等。

2. 城市应急备用水源工程状况

首先，城市是否建有应急备用水源工程对于城市应对干旱缺水十分重要。城市应急备用水源工程是指在发生干旱缺水危机时，作为城市预备水源向城市紧急供水的那部分水源。这些水源在平时并不是向城市、或许不是完全向城市供水的，只有当出现干旱危机期时，才放弃其原有的供水目标，放弃常规的调度原则，或是紧急启用被用来作为城市的供水水源。城市的应急备用水源可以是多种形式：有以通过应急备用工程引水的河流作为应急备用水源的；有以开采深层地下水，或是超采地下水来作为应急备用水源的；有以水库作为应急备用水源，通过减少农业用水或是动用死库容向城市供水，以及增加对一些非常规水源的利用。对于一个城市来说，其应急备用水源可能有多个，这取决于城市用水状况和水资源背景。

其次，应急备用水源可利用水量的多少决定了城市是否能够安全度过干旱危机期。因此，在干旱危机期，对于应急备用水源来说，首先应该保证有水可以提供，其次是有多少水可以保证。作为应急备用水源的河流来说，根据最枯年份的径流量的多少，就可以估算可以用于应急的水量，这部分水量并不可以长期使用，是有时间限制的，具有临时的性质。对于蓄水工程，在特旱年或连旱年，为保证城市用水通常是牺牲农业用水和生态环境用水，因此，根据农业用水或环境用水量的多少也可以估算应急备用水量，在最紧急的情况下，也可以将水库的死库容作为应急备用水量。对于以地下水作为应急备用水源的，可以通过估算地下水超采量或是估算深层地下水量来确定应急备用水量的多少。对于以调水工程作为应急备用水源的，其应急备用水量的大小可以通过工程的调水能力来确定。

3. 干旱期的应急管理和措施

干旱期的应急管理和措施是影响城市应急抗旱能力的重要因素，主要包括以下几方面。

（1）干旱危机期应急管理组织。一个城市的干旱危机期水管理组织要由地方政府、水资源管理部门以及各用水部门共同参与，其职责是确定水资源应急调配原则和制定干旱规划和应急供水预案，依据技术部门对干旱监测的结果，决定和宣布干旱危机期的开始和结束，负责协调各项抗旱行动，实施减灾和抗旱计划并向决策部门提出政策建议，并在干旱危机过后进行旱灾评估。

（2）干旱危机期水资源应急调配原则。如对跨界河流严格执行枯水年和特枯水年全河水量定额分配制度，根据各用水部门对社会安定、国民经济的重要性来确定供水的优先次序及其配供水量，根据旱情发展适时调整工程的供水方式以尽可能增加干旱危机期的供水，采用适当超采浅层地下水和适当动用深层地下水来缓解干旱缺水的燃眉之急，跨流域临时向灾区应急调水等。

（3）城市抗旱应急措施。抗旱应急措施包括开源和节流两方面，节流就是通过节约用水的方法来减少对水的浪费和对水的需求量达到减少用水量的目的。在这方面可采取的措施有：对城市供水统一调配，限时限量供水，停止或减少向非重点用水企业供水，采用非常规水源替代常规水源等。而开源则是在干旱危机期通过启用应急备用水源工程向城市紧急供水，应急备用水源工程包括了从江、河、湖泊引水工程、提水工程、水库工程（通过改变水库供水目标和动用水库死库容的方式向城市增加供水）、打井开采或超采地下水工程以及一些非常规水源工程（包括微咸水利用、海水淡化和污水处理回用等）。

编制城市干旱危机期应急供水预案是积极主动应对城市干旱缺水的重要措施。城市应急供水预案是在历史干旱典型模式研究基础上预测旱情并制定有效的应急供水预案。预案内容包括：进入应急的识别标志（如河流断流、水库蓄水下降到某个水位、地下水下降到一定埋深、农田墒情不足作物最低需水量、城市供水水压下降等），应急期用水秩序（对仅有的水源，在确保居民生活用水的前提下，如何压缩工业用水，停止耗水大的企业用水，减少或放弃农业及生态环境用水等），应急期地表水、地下水统一调度及一水多用措施，应急期全面节水措施（包括宣传、限时限量供水、对超计划用水实行累进加价收费，推广节水器具和节水技术，以及其他需采取的强制措施），应急开源措施（如实行外流域调水及其应用应急备用水源，超采部分地下水和动用部分死库容，加大回用处理污水及利用海水、微咸水等），要求上级部门协助解决的其他措施。

5.3.2　城市应急抗旱能力评估指标

进行城市应急抗旱能力评估，需通过对城市应急抗旱影响因素的分析，挑选影响城市应急抗旱能力的主要因素，并确定那些可能对城市应急抗旱能力有影响的因素作为评估指标，据此进行评估。

如上所述，城市应急抗旱能力主要受几方面因素的影响：一是城市的背景及经济情况；二是城市应急备用水源工程状况；三是城市抗旱应急管理和措施，城市应急抗旱能力评估也根据这几个方面进行选取。

1. 城市背景和经济评估指标

（1）城市人均 GDP（人均生产总值）。以城市国民生产总值与城市总人口的百分比表示，反映城市的经济实力和生活质量情况。计算公式为

$$城市人均 GDP = \frac{城市国民生产总值}{城市总人口} \times 100\% \tag{5.1}$$

城市人均 GDP 的计算单位为万元/人，人均 GDP 数值较高表示城市可以投入应急抗旱的物质财力背景情况较好。

采用城市人均 GDP 作为背景经济评估指标是因为，一个城市的抗旱潜力在很大程度上都会受到城市经济实力的约束。如城市抗旱应急措施中应急备用水源的建设需要投入资金，提高城市用水效率的各种节约用水措施的推广需要投入资金，在干旱危机期采用的各种非常规替代水源需要投入资金，抗旱的组织管理工作也需要资金的支持。也就是说，一个城市的经济实力越强，可投入用于抗旱的资源也更多。因此，将综合反映城市经济实力的人均 GDP 作为评估指标之一是必要的。

（2）城市产业结构比。以城市国民生产总值中第三产业的产值与城市国民生产总值的百分比表示，反映城市产业结构组成对用水量需求的情况。计算公式为

$$城市产业结构比 = \frac{城市第三产业产值}{城市国民生产总值} \times 100\% \tag{5.2}$$

城市第三产业产值和城市国民生产总值的计算单位为亿元，城市产业结构比值较高表示城市产业结构以服务性行业为主，产品附加值较高而用水需求量较少。

采用城市产业结构比作为干旱背景及经济评估指标是因为，随着中国的城市化进程，城市的规模和结构均发生着变化。在以第二产业为主的传统城市

中，进行生产活动的用水需求很大，在遭遇干旱时用水缺口也很大。而在以第三产业转型为主的新兴城市中，在同样经济总量条件下用水需求大幅度减少，单位用水量的产值也大幅度提高。换而言之，这样的城市经济转型也是比较有利于提高城市的抗旱应急能力的。

2. 抗旱应急水源工程状况评估指标

（1）城市人均应急备用供水量。以城市应急备用水源工程可供水量与城市常住人口乘 90 天（3 个月）的百分比表示，反映城市的基本抗旱应急和保障能力。计算公式为

$$城市人均应急备用供水量 = \frac{城市应急备用水源可供水量}{城市常住人口 \times 90} \times 10 \quad (5.3)$$

城市应急备用水源可供水量的计算单位为 m^3，城市常住人口的计算单位为万人，城市应急备用供水量的单位为 L/d。城市人均应急备用供水量数值较高表示城市的基本抗旱应急供水保障能力较强。

在目前条件下，通常以人均 60L/d 作为可以维持城市生活和生产运行所必要的最低限度供水量，也就是作为城市应急供水安全的基本要求。

（2）城市应急备用水源保障天数。以城市应急抗旱备用水源可供水量与城市日需水量的百分比表示，反映城市抗旱应急和保障能力的强弱。计算公式为

$$城市应急备用水源保障天数 = \frac{城市应急备用水源可供水量}{城市日需水量} \quad (5.4)$$

城市应急备用水源可供水量的计算单位为 m^3，城市日需水量的计算单位为 m^3/d，城市应急备用水源保障天数的计算单位为 d。城市应急水源保障天数数值较高表示城市的抗旱应急供水保障能力较强。

采用城市应急备用水源保障天数作为抗旱应急和保障能力评估指标是因为，在旱情发生时，人均 60L/d 是维持城市运行所必要的最低限度供水量，但仅仅是一个基本保障，如果将城市正常生产用水考虑为供水对象的情况下，统计各城市应急备用水源的保障天数，能够更加充分地反映该城市的抗旱能力。

3. 干旱期的应急管理和措施

对于不同的城市来说，由于各自干旱背景、经济发展程度、水资源供需状况等的不同，其采取的抗旱手段也是不同的，无法用一个或几个指标来描述。一般而言，北方地区的城市，大部分属于水资源匮乏地区，在干旱危机时期的主要措施是跨流域调水，开采地下水，对于南方丰水地区的城市，主要措施是修建水源工程、加大节水和治污的力度。但总的来说，开源、节流和水资源科学调配基本上包含了所有的抗旱措施，因此，在前面的评估指标中水量的计算就考虑了这些措施采用后的效果。

5.3.3　城市应急抗旱能力评估

在进行城市应急抗旱能力评估计算时，采用前面所确定的各项评估指标。由于各评估指标的量纲不一致，需要先对评估指标进行标准化处理，消除各种非标准因素对分析结果的影响。标准化数据的方法有多种，本书评估根据所选指标的属性，选择了以下标准化计算公式：

$$X_{ij} = \frac{x_{ij} - x_{minj}}{x_{maxj} - x_{minj}} \tag{5.5}$$

式中　x_{ij}、X_{ij}——第 I 个评估指标的标准化前、后的值；

x_{maxj}、x_{minj}——评估指标在样本中的最大值、最小值。

城市人均应急备用供水量目前通常以人均 60L/d 作为城市应急供水安全的基本要求，该数值即作为城市人均应急备用供水量的阈值。城市应急备用水源保障天数的阈值为 90d。

城市应急抗旱能力目前没有明确的定义和定量标准，因此评估的结果也只能是相比较而言。针对当前城市中与应急抗旱能力相关并所能获取的数据信息，应用模糊综合评判方法，对中国地级以上建制市的抗旱能力进行初步评估。

城市抗旱能力评估共有 4 个评估指标，即

$$X_{应急抗旱能力} = （人均 GDP, 产业结构比, 人均应急备用水量, 应急备用水源保障天数）$$
$$= （X_{人均产值}, X_{产业结构}, X_{人均应急}, X_{保障天数}） \tag{5.6}$$

相应的权重表达为

$$w_{应急抗旱能力} = （w_{人均产值}, w_{产业结构}, w_{人均应急}, w_{保障天数}） \tag{5.7}$$

各评估指标权重的确定是一个比较复杂的问题，从定性上说，上述评估指标对城市应急抗旱能力都存在着一定的影响，但其影响作用究竟有多大？其相对重要性究竟孰重孰轻？并不是很清楚。所以，最终的权重方案将根据评估结果进行综合分析来确定。

根据上述分析方法，对中国 287 座地级以上城市的应急抗旱能力进行了初步评估分析，城市应急抗旱能力等级按照弱、中、强来划分，其划分标准见表 5.4，

表 5.4　　　　　　　　城市应急抗旱能力等级划分标准表

应急抗旱能力等级	弱	中	强
综合评估指标	0～0.3	0.3～0.7	0.7～1

评估结果参见表 5.5。表中列出的数值为各个评估指标的标准化计算评估数值，其中城市应急抗旱能力的综合评估指标是通过人均产值指标、产业结构指标、人均应急指标和保障天数指标加权计算得到。

表 5.5　2007 年中国地级以上城市应急抗旱能力分析表

城市	人均产值	产业结构	人均应急	保障天数	综合指标	抗旱能力
沈阳市	0.67	0.60	0.00	0.00	0.38	中
大连市	0.84	0.57	0.00	0.00	0.42	中
鞍山市	0.77	0.50	0.00	0.00	0.38	中
抚顺市	0.37	0.46	0.00	0.00	0.25	弱
本溪市	0.48	0.36	0.00	0.00	0.25	弱
丹东市	0.23	0.63	0.00	0.00	0.26	弱
锦州市	0.39	0.54	0.00	0.00	0.28	弱
营口市	0.48	0.45	0.00	0.00	0.28	弱
阜新市	0.18	0.59	0.00	0.00	0.23	弱
辽阳市	0.46	0.41	0.00	0.00	0.26	弱
盘锦市	0.77	0.19	0.00	0.00	0.29	弱
铁岭市	0.23	0.38	0.00	1.00	0.18	弱
朝阳市	0.26	0.54	1.00	0.00	0.24	弱
葫芦岛市	0.29	0.41	0.00	0.00	0.21	弱
长春市	0.53	0.50	1.00	1.00	0.71	强
吉林市	0.38	0.53	0.00	0.00	0.27	弱
四平市	0.22	0.48	0.00	0.00	0.21	弱
辽源市	0.35	0.49	0.00	0.00	0.25	弱
杭州市	0.90	0.62	0.00	0.00	0.46	中
宁波市	1.00	0.55	0.00	0.00	0.47	中
温州市	0.71	0.59	0.00	0.00	0.39	中
嘉兴市	0.43	0.51	0.00	0.00	0.28	弱
湖州市	0.44	044	0.00	0.00	0.26	弱
绍兴市	0.59	0.59	0.00	0.00	0.35	中
金华市	0.35	0.56	0.04	0.02	0.28	弱
衢州市	0.29	0.46	0.61	0.28	0.41	中
舟山市	0.50	0.58	0.24	0.06	0.39	中
台州市	0.47	0.56	0.00	0.00	0.31	中
丽水市	0.32	0.62	0.00	0.00	0.28	弱
合肥市	0.61	0.60	0.69	0.19	0.54	中
芜湖市	0.51	0.45	1.00	0.93	0.67	中
蚌埠市	0.26	0.58	0.00	0.00	0.25	弱
淮南市	0.20	0.42	0.00	0.00	0.19	弱
马鞍山市	0.82	0.33	1.00	1.00	0.75	强
淮北市	0.25	0.37	0.00	0.00	0.19	弱
铜陵市	0.62	0.39	0.00	0.00	0.30	中

续表

城市	人均产值	产业结构	人均应急	保障天数	综合指标	抗旱能力
通化市	0.39	0.35	0.00	0.00	0.22	弱
白山市	0.26	0.43	0.00	0.00	0.21	弱
松原市	0.51	0.30	0.00	0.00	0.24	弱
白城市	0.16	0.63	0.00	0.00	0.24	弱
哈尔滨市	0.43	0.65	0.45	0.82	0.58	中
齐齐哈尔市	0.21	0.64	0.58	0.34	0.44	中
鸡西市	0.14	0.64	0.21	0.13	0.30	中
鹤岗市	0.18	0.43	0.00	0.00	0.18	弱
双鸭山市	0.23	0.32	1.00	1.00	0.57	中
大庆市	1.00	0.16	0.00	0.00	0.35	中
伊春市	0.15	0.50	0.00	0.00	0.20	弱
佳木斯市	0.24	0.82	0.71	1.00	0.66	中
七台河市	0.27	0.38	1.00	0.99	0.59	中
牡丹江市	0.17	0.65	0.71	1.00	0.59	中
黑河市	0.15	0.75	1.00	1.00	0.67	中
绥化市	0.06	0.45	0.00	0.00	0.15	弱
北京市	0.65	0.91	1.00	0.99	0.86	强
天津市	0.59	0.47	1.00	1.00	0.72	强
安庆市	0.28	0.65	1.00	0.47	0.57	中
黄山市	0.25	0.69	0.00	0.00	0.28	弱
滁州市	0.25	0.53	1.00	1.00	0.63	中
阜阳市	0.09	0.54	0.00	0.00	0.19	弱
宿州市	0.11	0.51	0.00	0.00	0.19	弱
巢湖市	0.15	0.47	1.00	1.87	0.76	强
六安市	0.06	0.53	1.00	1.00	0.58	中
亳州市	0.09	0.51	0.00	0.00	0.18	弱
池州市	0.16	0.46	0.00	0.00	0.19	弱
宣城市	0.14	0.63	1.18	1.00	0.67	中
南昌市	0.59	0.54	0.00	0.00	0.34	中
景德镇市	0.37	049	0.04	0.01	0.27	弱
萍乡市	0.28	0.39	0.01	0.01	0.20	弱
九江市	0.58	0.51	0.00	0.00	0.33	中
新余市	0.37	0.35	0.36	0.15	0.32	中
鹰潭市	0.28	0.62	0.00	0.00	0.27	弱
赣州市	0.28	0.66	0.00	0.00	0.28	弱
吉安市	0.29	0.54	0.00	0.00	0.25	弱

续表

城市	人均产值	产业结构	人均应急	保障天数	综合指标	抗旱能力
石家庄市	0.48	0.78	0.19	0.13	0.44	中
唐山市	0.58	0.45	0.08	0.06	0.34	中
秦皇岛市	0.51	0.75	0.34	0.20	0.49	中
邯郸市	0.36	0.42	0.03	0.02	0.24	弱
邢台市	0.33	0.43	0.24	0.14	0.30	中
保定市	0.38	0.52	0.21	0.14	0.34	中
张家口市	0.31	0.48	0.00	0.00	0.24	弱
承德市	0.36	0.41	0.00	0.00	0.23	弱
沧州市	0.41	0.54	0.00	0.00	0.28	弱
廊坊市	0.29	0.58	0.00	0.00	0.26	弱
衡水市	0.31	0.48	0.00	0.00	0.23	弱
太原市	0.49	0.64	0.96	0.51	0.63	中
大同市	0.28	0.54	1.00	0.00	0.25	弱
阳泉市	0.28	0.47	1.00	1.00	0.62	中
长治市	0.30	0.59	1.00	1.00	0.66	中
晋城市	0.32	0.80	1.00	1.00	0.74	强
朔州市	0.93	0.32	1.00	0.27	0.63	中
晋中市	0.19	0.66	1.00	0.34	0.52	中
宜春市	0.09	0.49	0.00	0.00	0.17	弱
抚州市	0.14	0.39	0.00	0.00	0.16	弱
上饶市	0.21	0.60	0.00	0.00	0.24	弱
武汉市	0.56	0.66	0.39	0.17	0.48	中
黄石市	0.36	0.53	0.00	0.00	0.27	弱
十堰市	0.52	0.54	0.00	0.00	0.32	中
宜昌市	0.35	0.36	1.00	1.00	0.62	中
襄樊市	0.27	0.52	0.00	0.00	0.24	弱
鄂州市	0.26	0.37	1.00	0.14	0.42	中
荆州市	0.31	0.47	0.00	0.00	0.23	弱
孝感市	0.13	0.51	0.00	0.00	0.19	弱
荆门市	0.19	0.48	0.00	0.00	0.20	弱
黄冈市	0.18	0.48	0.00	0.00	0.20	弱
咸宁市	0.18	0.52	0.00	0.00	0.21	弱
随州市	0.14	0.46	0.00	0.00	0.18	弱
长沙市	0.73	0.68	0.02	0.01	0.43	中
株洲市	0.48	0.44	0.00	0.00	0.27	弱
湘潭市	0.45	0.50	0.00	0.00	0.29	弱

续表

城市	人均产值	产业结构	人均应急	保障天数	综合指标	抗旱能力
运城市	0.14	0.81	1.00	0.75	0.64	中
忻州市	0.10	0.60	0.00	0.00	0.21	弱
临汾市	0.22	0.67	0.00	0.00	0.27	弱
吕梁市	0.21	0.46	0.33	0.30	0.33	中
济南市	0.55	0.70	0.11	0.08	0.41	中
青岛市	0.91	0.60	0.08	0.06	0.48	中
淄博市	0.66	0.41	0.05	0.05	0.34	中
枣庄市	0.30	0.32	0.18	0.21	0.26	弱
东营市	1.00	0.25	0.14	0.08	0.42	中
烟台市	0.80	0.46	0.02	0.03	0.39	中
潍坊市	0.43	0.49	0.17	0.10	0.33	中
济宁市	0.46	0.43	1.00	1.00	0.67	中
泰安市	0.33	0.68	0.22	0.75	0.50	中
威海市	0.79	0.42	0.04	0.11	0.40	中
日照市	0.44	0.39	0.06	0.05	0.27	弱
莱芜市	0.36	0.32	0.68	0.04	0.35	中
临沂市	0.39	0.43	0.12	0.06	0.28	弱
德州市	0.49	0.45	0.10	0.13	0.33	中
衡阳市	0.26	0.52	0.00	0.00	0.23	弱
邵阳市	0.14	0.59	0.00	0.00	0.22	弱
岳阳市	0.45	0.45	0.82	0.29	0.49	中
常德市	0.38	0.41	0.00	0.00	0.24	弱
张家界市	0.20	0.86	0.30	0.16	0.41	中
益阳市	0.17	0.51	0.00	0.00	0.21	弱
郴州市	0.27	0.49	0.00	0.00	0.23	弱
永州市	0.17	0.55	0.00	0.00	0.22	弱
怀化市	0.25	0.81	0.00	0.00	0.32	中
娄底市	0.32	0.40	0.00	0.00	0.22	弱
福州市	0.41	0.71	0.00	0.00	0.34	中
厦门市	0.63	0.57	0.13	0.04	0.39	中
莆田市	0.25	0.36	0.00	0.00	0.18	弱
三明市	0.43	0.35	0.00	0.00	0.23	弱
泉州市	0.44	0.52	0.00	0.00	0.29	弱
漳州市	0.43	0.57	0.00	0.00	0.30	弱
南平市	0.28	0.41	0.00	0.00	0.21	弱
龙岩市	0.48	0.36	0.00	0.00	0.25	弱

续表

城市	人均产值	产业结构	人均应急	保障天数	综合指标	抗旱能力
聊城市	0.19	0.47	0.09	0.11	0.24	弱
滨州市	0.36	0.47	0.05	0.05	0.27	弱
菏泽市	0.12	0.50	0.01	0.01	0.19	弱
郑州市	0.47	0.78	0.02	0.01	0.38	中
开封市	0.20	0.61	0.15	0.07	0.29	弱
洛阳市	0.40	0.57	0.19	0.13	0.36	中
平顶山市	0.38	0.27	0.64	0.44	0.41	中
安阳市	0.28	0.35	0.10	0.04	0.22	弱
鹤壁市	0.32	0.37	0.49	0.25	0.35	中
新乡市	0.28	0.58	0.20	0.14	0.32	中
焦作市	0.24	0.44	0.19	0.07	0.26	弱
濮阳市	0.41	0.28	0.23	0.15	0.28	弱
许昌市	0.33	0.30	0.31	0.09	0.27	弱
漯河市	0.24	0.25	0.01	0.01	0.15	弱
三门峡市	0.29	0.48	0.21	0.08	0.29	弱
南阳市	0.19	0.47	0.04	0.05	0.22	弱
商丘市	0.12	0.47	0.06	0.08	0.21	弱
信阳市	0.16	0.48	0.01	0.01	0.19	弱

城市	人均产值	产业结构	人均应急	保障天数	综合指标	抗旱能力
宁德市	0.21	0.68	0.00	0.00	0.27	弱
广州市	0.86	0.76	0.00	0.00	0.48	中
韶关市	0.32	0.54	0.00	0.00	0.26	弱
深圳市	0.90	0.63	0.00	0.00	0.46	中
珠海市	0.68	0.52	0.00	0.00	0.36	中
汕头市	0.20	0.50	0.00	0.00	0.21	弱
佛山市	0.73	0.40	0.00	0.00	0.34	中
江门市	0.46	0.43	0.00	0.00	0.27	弱
湛江市	0.40	0.37	0.06	0.08	0.26	弱
茂名市	0.30	0.41	0.00	0.00	0.21	弱
肇庆市	0.40	0.60	0.00	0.00	0.30	中
惠州市	0.45	0.43	0.00	0.00	0.26	弱
梅州市	0.32	0.45	0.00	0.00	0.23	弱
汕尾市	0.20	0.42	0.00	0.00	0.19	弱
河源市	0.33	0.49	0.00	0.00	0.24	弱
阳江市	0.27	0.57	0.00	0.00	0.25	弱
清远市	0.41	0.32	0.00	0.00	0.22	弱
东莞市	0.53	0.58	0.00	0.00	0.33	中

续表

城市	人均产值	产业结构	人均应急	保障天数	综合指标	抗旱能力
周口市	0.18	0.64	0.01	0.01	0.25	弱
驻马店市	0.23	0.48	0.10	0.06	0.24	弱
呼和浩特市	0.58	0.85	0.32	0.35	0.56	中
包头市	0.79	0.62	0.00	0.00	0.42	中
乌海市	0.50	0.40	0.30	0.20	0.27	弱
赤峰市	0.26	0.45	0.30	0.20	0.31	中
通辽市	0.35	0.34	0.00	0.00	0.21	弱
鄂尔多斯市	0.95	0.74	0.00	0.00	0.51	中
呼伦贝尔市	0.40	0.73	0.02	0.08	0.36	中
巴彦淖尔市	0.24	0.45	0.16	0.39	0.32	中
乌兰察布市	0.20	0.66	0.09	0.37	0.35	中
西安市	0.30	0.66	0.69	0.25	0.48	中
铜川市	0.15	0.46	0.00	0.00	0.18	弱
宝鸡市	0.29	0.38	0.00	0.00	0.20	弱
咸阳市	0.33	0.43	0.00	0.00	0.23	弱
渭南市	0.12	0.50	0.00	0.00	0.19	弱
延安市	0.35	0.35	0.00	0.00	0.21	弱
汉中市	0.14	0.60	0.00	0.00	0.22	弱

城市	人均产值	产业结构	人均应急	保障天数	综合指标	抗旱能力
中山市	0.56	0.45	0.00	0.00	0.30	中
潮州市	0.25	0.58	0.08	0.05	0.28	弱
揭阳市	0.24	0.51	0.00	0.00	0.22	弱
云浮市	0.26	0.40	0.00	0.00	0.20	弱
南宁市	0.36	0.71	0.00	0.00	0.32	中
柳州市	0.40	0.37	0.00	0.00	0.23	弱
桂林市	0.37	0.66	0.00	0.00	0.31	中
梧州市	0.27	0.53	0.00	0.00	0.24	弱
北海市	0.22	0.46	0.00	0.00	0.21	弱
防城港市	0.31	0.38	0.00	0.00	0.21	弱
钦州市	0.24	0.47	0.00	0.00	0.21	弱
贵港市	0.11	0.47	0.00	0.00	0.17	弱
玉林市	0.17	0.62	0.00	0.00	0.24	弱
百色市	0.26	0.39	0.00	0.00	0.20	弱
贺州市	0.13	0.31	0.00	0.00	0.13	弱
河池市	0.16	0.47	0.00	0.00	0.19	弱
来宾市	0.15	0.33	0.00	0.00	0.14	弱
崇左市	0.15	0.50	0.00	0.00	0.19	弱

续表

城市	人均产值	产业结构	人均应急	保障天数	综合指标	抗旱能力
榆林市	0.22	0.46	0.00	0.00	0.20	弱
安康市	0.10	0.63	0.00	0.00	0.22	弱
商洛市	0.07	0.45	0.00	0.00	0.15	弱
兰州市	0.32	0.64	0.08	0.02	0.31	中
嘉峪关市	0.69	0.21	0.00	0.00	0.27	弱
金昌市	0.75	0.14	0.00	0.00	0.27	弱
白银市	0.33	0.34	0.00	0.00	0.20	弱
天水市	0.11	0.57	0.00	0.02	0.20	弱
武威市	0.14	0.49	0.00	0.05	0.19	弱
张掖市	0.15	0.49	0.01	0.00	0.19	弱
平凉市	0.12	0.54	0.11	0.00	0.20	弱
酒泉市	0.17	0.60	0.00	0.00	0.26	弱
庆阳市	0.17	0.45	0.00	0.00	0.19	弱
定西市	0.05	0.60	0.00	0.00	0.19	弱
陇南市	0.05	0.69	0.00	0.00	0.22	弱
西宁市	0.26	0.68	0.00	0.00	0.28	弱
银川市	0.35	0.72	0.00	0.00	0.32	中
石嘴山市	0.38	0.28	0.00	0.00	0.20	弱

城市	人均产值	产业结构	人均应急	保障天数	综合指标	抗旱能力
海口市	0.24	0.83	0.32	0.34	0.45	中
三亚市	0.31	0.57	0.00	0.00	0.26	弱
重庆市	0.25	0.54	0.06	0.01	0.25	弱
成都市	0.41	0.64	0.00	0.00	0.31	中
自贡市	0.23	0.40	0.00	0.00	0.19	弱
攀枝花市	0.46	0.29	0.00	0.00	0.23	弱
泸州市	0.19	0.40	0.00	0.00	0.18	弱
德阳市	0.29	0.36	0.00	0.00	0.19	弱
绵阳市	0.26	0.45	0.00	0.00	0.21	弱
广元市	0.12	0.49	0.26	0.16	0.27	弱
遂宁市	0.10	0.37	0.00	0.00	0.14	弱
内江市	0.14	0.37	0.00	0.00	0.15	弱
乐山市	0.19	0.31	0.00	0.00	0.15	弱
南充市	0.11	0.44	0.34	0.27	0.29	弱
眉山市	0.18	0.34	0.00	0.00	0.15	弱
宜宾市	0.33	0.29	0.00	0.00	0.19	弱
广安市	0.11	0.45	0.00	0.00	0.17	弱
达州市	0.19	0.42	0.40	0.13	0.29	弱

续表

城市	人均产值	产业结构	人均应急	保障天数	综合指标	抗旱能力	城市	人均产值	产业结构	人均应急	保障天数	综合指标	抗旱能力
吴忠市	0.15	0.44	1.00	1.00	0.58	中	雅安市	0.18	0.49	0.00	0.00	0.20	弱
固原市	0.07	0.75	0.00	0.00	0.25	弱	巴中市	0.07	0.50	0.00	0.00	0.17	弱
中卫市	0.15	0.46	0.00	0.00	0.18	弱	资阳市	0.16	0.28	1.00	0.50	0.43	中
乌鲁木齐市	0.24	0.70	0.15	0.11	0.33	中	昆明市	0.37	0.71	0.94	0.35	0.58	中
克拉玛依市	1.00	0.11	1.00	0.34	0.60	中	曲靖市	0.35	0.40	0.10	0.04	0.25	弱
上海市	0.75	0.66	0.00	0.00	0.42	中	玉溪市	0.73	0.26	0.00	0.00	0.30	中
南京市	0.64	0.64	0.00	0.00	0.38	中	保山市	0.09	0.48	0.00	0.00	0.17	弱
无锡市	1.00	0.56	0.00	0.00	0.47	中	昭通市	0.11	0.53	0.55	0.49	0.40	中
徐州市	0.57	0.50	0.00	0.00	0.32	中	丽江市	0.21	0.73	0.00	0.00	0.28	弱
常州市	0.74	0.47	0.74	0.44	0.60	中	普洱市	0.15	0.57	0.00	0.00	0.22	弱
苏州市	1.00	0.53	0.85	0.39	0.71	强	临沧市	0.08	0.57	0.00	0.00	0.19	弱
南通市	0.70	0.50	0.96	0.65	0.68	中	贵阳市	0.32	0.67	0.30	0.10	0.37	中
连云港市	0.41	0.51	0.00	0.00	0.27	弱	六盘水市	0.29	0.47	1.00	0.15	0.46	中
淮安市	0.20	0.46	0.60	1.00	0.52	中	遵义市	0.23	0.60	0.00	0.00	0.25	弱
盐城市	0.29	0.47	0.00	0.00	0.23	弱	安顺市	0.08	0.69	0.08	0.04	0.25	弱
扬州市	0.60	0.49	0.00	0.00	0.33	中	拉萨市	0.20	1.00	0.00	0.00	0.36	中
镇江市	0.61	0.47	1.00	1.00	0.32	中							
泰州市	0.56	0.39	1.00	1.00	0.68	中							
宿迁市	0.16	0.37	0.85	1.00	0.53	中							

从表 5.5 可知城市应急抗旱能力评估结果。在中国 287 座地级以上城市中，应急抗旱能力评估为强的共有 7 座，仅占被评估城市数的 2.4%；应急抗旱能力评估为中的共有 109 座，占被评估城市数的 38.0%；应急抗旱能力评估为弱的共有 171 座，占被评估城市数的 59.6%。在中国 6 大区域中，西北地区和西南地区内的城市应急抗旱能力被评估为弱的城市所占比重较大，而长江中下游地区和黄淮海地区内的城市应急抗旱能力被评估为弱的城市所占比重相对较少。

分析表明，中国所有直辖市和省会城市的应急抗旱能力的评估均在中以上，没有评估为弱的情况，这说明大城市的应急抗旱能力普遍较平均水平要高，这和这些城市的经济实力较强，市政基础设施建设较为完善有一定的关系。因为城市应急抗旱备用水源的建设，抗旱危机期应急补偿措施的执行都需要相当数量资金的支持，经济基础和硬件设施在城市应急抗旱过程中的作用是不言而喻的。

城市应急抗旱备用水源的建设在城市应急抗旱中的作用至关重要。在应急抗旱能力被评估为弱的所有城市中，均没有或缺少相应的应急抗旱备用水源；而那些建设了有效应急备用水源的城市，即便经济实力一般，其综合的应急抗旱能力也普遍超过了平均水平，其中没有应急抗旱能力被评估为弱的城市。

与农业抗旱能力的研究相比，城市应急抗旱能力评估工作以前开展得较少，在信息收集和分析技术方面都缺乏经验，研究基础比较薄弱。但随着中国经济社会的不断发展和城市化进程的加速，开展这项工作的紧迫性逐步显现。如何更好地利用定量化的指标来描述城市的应急抗旱能力，是今后需要进一步研究的课题。

第6章

中国农业和区域抗旱能力评价

6.1 抗旱能力概述

本章主要内容是讨论抗旱能力内涵、定义。结合南、北方气候和水资源的不同特点等，筛选农业、区域抗旱能力的重要影响因素；建立不同类型农业、区域抗旱能力的评价指标体系，提出农业、区域抗旱能力评价方法，进行农业、区域抗旱能力等级划分研究。开展农业、区域抗旱能力评价，并进行抗旱能力评价成果的合理性分析与验证。

通过对抗旱能力的评价，清楚地认识和了解我们现有的抵御旱灾能力，这是我们当前开展抗旱工作的基础，只有对自己的实力有所了解，才能知己知彼，看到我们在抗旱方面的优势和劣势所在，才能明确抗旱工作中需要努力的方向，才能将被动抗旱变为主动防旱，逐步提高中国抗御旱灾的能力。

6.1.1 抗旱能力的概念和定义

本书所讨论的抗旱能力是指人类在生产活动中具备保证自身生存、维持正常生活次序，克服干旱缺水、减轻干旱灾害损失的能力。

抗旱能力包含有两层含义：一是指人类为抵御、抗拒干旱缺水进行的所有活动；二是指人类所能承受干旱灾害损失的最大程度。前者是积极主动的，着重于抗，后者是被动的，着重于防，两者是密切相关的。从人类发展史来看，人类是在与自然灾害不断地抗争中，生存、发展下来的，抗御自然灾害是人类生存的一种本能，同时，自然界又是人类生存的环境。因此，从可持续发展的角度来看，人类为维护自身生存开展的抗御自然灾害的活动，应是在不严重破坏自然环境的条件下进行。

根据抗旱能力所涉及的对象、范围不同，可以分为农业抗旱能力、区域抗旱能力和城市抗旱能力等，本章主要对农业抗旱能力和区域抗旱能力进行分析和评价。

（1）农业抗旱能力。本处讨论的农业抗旱能力是指人类在农业生产区内，通过自身的活动，防御和抗拒自然或人为因素造成的干旱缺水对农作物生长可能带来的危害和减轻农业干旱灾害损失的能力。人类在农业区的抗旱活动主要包括：修建水利工程、开辟新水源，提高供水能力、增加土壤蓄水保墒能力，选择作物耐旱品种，提高农业技术水平，改善作物的种植结构、节约用水、调整产业结构，提高水的利用率等等。可以将这些活动分为两大类：一是工程性的抗旱活动，另一是非工程性的抗旱活动。农业抗旱能力正是通过这两种抗旱活动的形式体现出来的。

（2）区域抗旱能力。这里的区域包含了城市和农村。区域抗旱能力主要是从区域角度来考虑人类活动对各方面用水的保证程度，指人类在一定的区域范围内，通过采取各种工程和非工程措施来满足城镇生活、农村人口饮用、工业生产和农业灌溉的用水需求，抵御和最大可能减轻干旱灾害损失的程度。

6.1.2 抗旱能力影响因素分析

农业抗旱主要是指人类在农作物生长过程中，保证农作物产量不受或少受缺水影响所开展的活动。农作物在生长过程中所需要的水量不能满足，是影响作物正常收获的主要因素之一。人们在农业方面的抗旱努力是从许多方面体现出来的，比如，在干旱条件下选择耐旱的作物品种、兴建水利工程，对干旱的土地进行灌溉，提高灌溉水的利用率、采取高效的灌溉、节水技术，调整作物结构等。因此，农业抗旱能力与农田土壤蓄水保墒性能、作物品种抗旱性能、农业种植结构、农业生产技术水平、水利工程建设、当地政府对抗旱的组织、管理和资金投入情况、当地经济发展情况等多方面的因素有关。

农业抗旱包括了长期抗旱和应急抗旱，长期抗旱主要表现在人们为解决干旱缺水问题，满足农作物生长对水的需求而进行的具有长期性、持续性的抗旱活动，它主要表现在建设水利工程、增加灌溉面积、采用先进农业生产技术、发展节水农业、调整种植结构等。应急抗旱主要反映了应对干旱危机的活动，它包括了在干旱缺水期间对水资源应急调配，对于抗旱的物力和人力的紧急调动等临时性、应急性的抗旱活动。因此，我们在讨论农业抗旱能力影响因素时，将从这几个方面来考虑。区域抗旱能力除了前面这些影响因素之外，还要加上区域供水保障程度这一重要因素，区域供水保障主要包括了城市供水保障、区域应急供水保障。

1. 水利工程及供水保证

水利工程是指水利工程中的蓄水、引水、调水、提水基础设施。中国多年抗旱实践表明，兴建的各类水利设施，在抗旱中具有特殊重要的地位，离开了现有水利设施，要想取得抗旱的胜利是绝对不可能的。

水利灌溉在抗旱减灾中起着关键作用。越是干旱年份灌溉效益越是突出。例如，在2000年的世纪大旱中，各级水利部门精心调度，充分发挥了水利工程的抗旱效益。黄河水利委员会加强对黄河水资源的统一管理和优化调度,运用刘家峡、三门峡、小浪底、万家寨等水库,共向下游增加供水约 30 亿 m^3,基本保证了沿黄地区工农业生产和生态环境用水,使黄河河口地区大旱之年没有断流。长江水利委员会在丹江口水库水位低于死水位以下 5m 多的情况下,继续加大下泄流量,大大缓解了汉江沿岸地区抗旱水源紧缺的矛盾。山东省各类水利设施累计供水 70 亿 m^3,其中向城市供水 21.6 亿 m^3,在严重干旱情况下基本保证了济南、烟台、威海等大中城市的供水,最大限度满足了城市居民生活和重点企业用水;湖北省主汛期全面开启沿江排水闸,倒引江水 20 多亿 m^3,为近千万亩农田和工农业生产提供了抗旱水源;江苏省开启江都等大型泵站全力抽水北运,全省累计引调长江水 121 亿 m^3,抗旱浇地 2908 万亩❶;四川省在岷江来水比去年同期偏少 30% 的情况下,都江堰、武引、升钟、玉溪河、长葫等灌区采用错峰、轮灌等措施,共提供农业灌溉用水 30 多亿 m^3,保证了灌区 1500 多万亩水稻实现适时栽插和丰收。这些都充分反映了水利工程在农业抗旱中的作用。

2. 经济实力与抗旱投入

经济是基础,对于抗旱来讲这一点尤为重要。从水利工程的修建到节水技术的推广,从抗旱人力、物力的调动到对旱灾损失的救助,如果没有经济作为保障,农业抗旱无从谈起。只有经济发展了,才有可能提高农业的抗旱能力,才能不断增加水利投入,对农业的基础设施——水利工程的修建增加资金,为防灾减灾增加物质基础,地方经济发展水平高,地方建设抗旱基础设施的积极性就高,抗旱效益就高,因此,一个地区的经济发展水平反映了这个地区的经济实力和抗旱经济基础,并从另一方面反映了农业抗旱能力的强弱。

另外,当地农民经济收入的多少与抗旱也有着密切的关系。从中国近十年农民收入情况来看,中国农民纯收入从 1991 年的 710 元增加到 2009 年的 5153元。收入的增加,使得农民有了抗御旱灾的物质基础和经济保障,同时也增加了农民对旱灾损失的承受力。

3. 生产技术水平

抗旱能力的大小在一定程度上也反映了生产技术水平的高低。生产技术水平对抗旱的影响,主要表现在生产与环境的适应性和实施节水措施上。

节水型农业的发展对于提高农业抗旱能力起着重要的作用。主要有两方面:一是普通农业节水技术的升级,包括雨水利用技术、高效节灌技术、保护性耕作技术、节水种植制度、土壤水库增容技术等;二是高新技术创新。包括

---

❶ 1 亩 $= 0.0667hm^2$

抗旱节水品种的创制，节水信息监测、决策与现代计算机技术的应用、节水型农作制度与农田节水标准化技术等。

节水灌溉不仅节水，而且节能、节地、省工、省肥、增产、高效。同时有利于促进农业结构的调整和耕作方式的变化。凡是节水工程搞得好的地方，农业抗旱能力明显增强。节水灌溉不仅增强了农业抗旱能力，还支持了工业发展和城市建设，为缓解整个国民经济和社会发展中水的供需矛盾做出了重大贡献。

在中国，由于农业节水的迅速普及，实现了中国农业用水总量继续保持零增长，用挖潜省出来的水为新增加 6400 万亩灌溉面积提供了水源，使原有的 7 亿多亩灌溉面积用水保证程度得到改善。中国平均单位灌溉面积用水量从 $476m^3/$亩下降到 $439m^3/$亩，下降 $37m^3/$亩，这个数字相当于 1981—1995 年共 15 年间下降总和的 1 倍。灌溉水利用系数从不到 0.40 提高到目前的 0.43。可以说，节水灌溉既是增强农业抗旱能力的有效措施，也是缓解整个国民经济和社会发展水的供需矛盾的根本途径。

农业结构的调整，是从根本上增强农业抗旱能力的途径。调整农业种植结构和水资源的优化分配，继续调减粮食种植面积，增加经济作物面积，压缩高耗水作物面积，粮经比例逐步达到以经济作物为主。进一步推广适合国际市场的农业结构和作物品种，根据各不同类型区的水源条件，更加合理地调整作物布局，进行水资源的优化配置，加大对农业结构的调整力度，这是提高农业和农村经济整体素质和效益的重要举措，是增加农民收入的根本途径，也是增强抗旱能力的主要办法。农业不能仅靠天吃饭，必须有一定的旱涝保收能力，保证全国 13 亿人口的粮食需求。从长远看，发展现代节水灌溉农业和现代旱作农业，是抗御旱灾的根本措施。

4. 应急抗旱响应

在干旱期，当地政府对抗旱的重视程度、对抗旱的人力、物力的组织能力和水资源的调配水平等对农业抗旱能力起着重要的作用。

抗旱资金投入是做好抗旱工作的基础和保障。抗旱投入按抗旱工作的性质可分为抗旱基础设施建设投入和应急抗旱投入。2000—2009 年期间，中央水利基建平均年投资 931.95 亿元，其中供水工程平均年投资 353.1 亿元，占总投资的 37.9%。灌溉工程平均年投资 115.13 亿元，占水利基建总投资的 12.4%。这两项工程的投资达到了总投资的 50% 以上，可见国家对抗旱工作的重视。从投资力度来看，2000 年，中国在水利基础建设方面的投资为 560.7 亿元，其中灌溉工程和供水工程投资 151 亿元，占水利基建总投资的 26.9%；2009 年，中国在水利基础建设方面的投资为 1894 亿元，其中灌溉工程和供水工程投资 866 亿元，占水利基建总投资的 45.7%，可以看出抗旱资金投入的比重在加大，这对于改善农业生产条件，提高抗旱能力起着重要的作用。

应急抗旱投入是中央财政每年安排一定数额的特大抗旱补助费，主要用于支持旱区开展应急抗旱工作。这项投入在抗旱中发挥了很大作用。中国旱灾频繁，尤其是北方地区，基本是"十年九旱"。农村实行联产承包责任制后，仅靠农民自身力量往往很难抵御干旱灾害，需要政府给予必要的帮助和扶持。抗旱服务组织是水利服务体系的一个组成部分，也是农业社会化服务体系的一个组成部分。反映了农业应急抗旱能力。抗旱服务组织以抗旱服务为中心，以公益性服务和经营性服务相结合为宗旨，以机动、灵活、方便、快速的服务形式搞好抗旱和实现稳产增产为目标。

抗旱服务组织的建立，为农民抗旱提供了多种形式的服务：干旱严重时帮助农民解决人畜饮水困难和作物灌溉用水，为缺乏抗旱机具或设备维修有困难的农民提供抗旱设备和物资的租赁、维修、加工等服务，为农村小型水源工程建设提供勘测、设计、施工等服务，带领农民学习使用抗旱新技术、新经验，开展旱情墒情监测预报，为各级领导和农民提供及时的抗旱信息和咨询，与农户和乡村集体开展股份制或股份合作制抗旱工程建设，增强农业抗灾能力。这些服务不仅填补了农业社会化服务在抗旱方面的空白，而且完善了农业社会化服务体系，充实了农业社会化服务的内涵，增强了党和政府在群众中的凝聚力。

抗旱服务组织的建立还提高了抗旱资金的使用效率。抗旱服务组织建立前，中央支持各地的特大抗旱经费只能用于油、电费等一次性补助。据统计，1959—1989年，中央财政支出的特大抗旱补助费达37亿元。由于这些资金的使用形不成固定资产，不能长期发挥作用，而且不能及时到位，时效性差，个别基层单位，还将补助费挪作他用，结果是"干旱年年有，经费年年拨，抗旱设备年年无"。抗旱服务组织的建立，将部分特大抗旱补助费用于购置抗旱机具设备，武装抗旱服务队，形成固定资产，发挥了长期抗旱效益，显著提高了抗旱资金的使用效率。

与传统抗旱相比，抗旱服务组织的建立还引入了抗旱新模式，开拓了抗旱新局面。有的服务组织以少量抗旱资金或技术和设备入股，与农户和乡村集体合办股份制抗旱工程，通过有偿服务，逐年收回成本，实现抗旱资金滚动使用；有的服务组织通过内部股份制改造，成立抗旱浇地公司，采取承包方式为农民开展抗旱服务等。这些方式不仅拓宽了抗旱资金投入渠道，增强了抗旱减灾能力，而且促进了节约用水和抗旱资金的深化改革。

5. 区域供水保证程度

区域供水保证是指在正常年份保证城市和乡村供水的程度，以及干旱期区域内城市和乡村供水的保证程度，这里包括了农业灌溉、农村人饮、城镇生活及工业等方面的用水。用水安全问题，直接关系到广大人民群众的健康。用水安全保障是实现全面建设小康社会目标、构建社会主义和谐社会的重要内容，要按照多库串联、水系联网、地表水与地下水联调、优化配置水资源的原则，进行城市供水水源的建设，提高城市供水安全的保障水平。区域供水保证程度主要是看城镇供水工程和农业灌溉工程的供水状况满足正常年份的正常用水的程度，城市备用水源工程和区域应急水源工程建设满足干旱年份用水的程度。

6.1.3 抗旱能力的构成

人类的抗旱减灾活动是在一定的自然背景下，顺应社会发展需要，从不同方面，以不同的形式来开展和进行的，而抗旱能力正是反映了这些活动综合影响的大小。通过前面的分析，再从实际情况来看，抗旱能力综合包含了以下几方面的能力：水利工程保障能力、经济实力支撑能力、生产水平适应能力、应急抗旱响应能力和区域供水保障能力。分别从水利、经济、生产、应急和供水保障方面反映了构成中国抗旱能力的主要成分。因此，抗旱能力的评价也将主要围绕着水利工程建设、经济实力和抗旱投入、生产技术水平、应急抗旱和供水保障等方面来进行评价。

1. 水利工程保障能力

水利工程保障能力是指水利工程中的蓄水、引水、调水、提水、抽水等基础水利设施在干旱发生期间，对于城镇生活或、工业用水、农业灌溉用水所起到的保障作用。多年抗旱实践表明，各类水利设施，是我们抵御旱灾的重要工具，是构成抗旱能力的核心部分。

2. 经济实力支撑能力

经济是基础，对于抗旱来讲这一点尤为重要。从水利工程的修建到节水技术的推广，从抗旱人力、物力的调动到对旱灾损失的救助，如果没有经济作为保障，抗旱无从谈起。一个地区的经济发展水平反映了这个地区的经济实力和抗旱经济基础，并从另一方面反映了抗旱能力的强弱。抗旱资金投入是做好抗旱工作的基础和保障．抗旱投入按抗旱工作的性质可分为抗旱基础设施建设投入和应急抗旱投入。因此可以说经济是抗旱能力的最重要支撑部分。

3. 生产水平适应能力

生产技术水平反映了人类为应对不利自然条件而发展的生产技能水平。包括节水水平、产业结构等；包括雨水利用技术、高效节灌技术、保护性耕作技术、节水种植制度、土壤水库增容技术等；还包括抗旱节水品种的创制，节水信息监测、决策与现代计算机技术的应用、节水型农作制度与农田节水标准化技术等。节水水平高，产业结构合理，抗旱能力就高。

4. 应急抗旱响应能力

干旱发生的随机性使得对干旱的应急响应显得尤为重要。在干旱期，当地政府对抗旱的重视程度、对应急抗旱的投资，以及对抗旱水源和人力的调配起着很重要的作用。干旱的应急响应包括了应急抗旱水源的配置、应急抗旱服务组织的活动、应急抗旱资金的筹集等。

5. 区域供水保证能力

区域供水保障程度是构建和谐社会，维持社会稳定、保障经济快速、可持续发展的重要体现，在干旱期间，区域供水的保障程度直接反映了区域抵御和减轻干旱灾害的能力。因此，区域供水保证能力主要包括区域内供水工程建设的完善情况、应急水源工程在干旱期或突发事件时的供水保证程度。区域和城镇的应急供水保证，是指在干旱期或突发事件情况下，常规供水不足或受阻中断时，能够快速启用并在一定时间段内提供城镇居民低水平饮用水的需求，以保障区域或城市的安全供水。可以用 $P=75\%$ 时的区域供水保证率、城镇应急供水保证率和区域应急供水保证率来反映。应急工程的建设，可有效缓解因干旱造成的区域或城市供水紧张的局面，提升区域或城市供水保证率，在抗旱保供水保民生工作发挥积极作用。

6.2　抗旱能力评价方法和指标

6.2.1　抗旱能力评价方法

进行抗旱能力评价，首先确定根据反映抗旱能力的几个评价层，列出各评价层中能够反映抗旱能力的评价指标，应用可信度分析方法，筛选合适的评价指标，建立抗旱能力评价指标体系，并对指标进行标准化计算；考虑多种因素的影响，应用层次分析法确定各评判层相应于抗旱能力的权重，以及各评价层的代表性指标及其相应于评价层的权重，应用模糊判别模型计算出各项指标对相应评价层的隶属度，以及这些评价层对于抗旱能力的隶属度，由此得到各抗旱能力评价指标相对于抗旱能力的隶属度，根据隶属度的大小，确定各类抗旱能力的强弱。综合各个指标的评价结果，应用模糊决策方法对抗旱能力作出综合评判。

6.2.2　抗旱能力评价分区

中国地域广大，由于各地区的自然背景条件（气象、水资源）、工程建设条件，干旱发生和持续时间都不相同，应对干旱灾害的方式和所采取的抗旱措施也会不同，因此，抗旱能力中各种能力的组成是不一样的，从相对评价角度来看，抗旱能力的大小，只能在具有一定内在联系和相似地域条件和自然背景的地区间进行比较，而对于不同地域条件下的抗旱能力的可比性较差。因此，有必要分不同的区域来讨论抗旱能力的大小强弱。

为反映抗旱能力在区域上的差异，根据中国各地区自然地理、水文气象条件，以及水资源分布，供用水结构的情况，寻找各省（自治区、直辖市）抗旱能力内在的联系和相似性，将中国分成几个具有不同抗旱能力特征的评价区，在此基础上，在不同评价区内，对所属省（自治区、直辖市）进行农业和区域抗旱能力强弱的综合评价，并由此得到中国各省（自治区、直辖市）抗旱能力等级及其空间分布。

中国抗旱能力评价分区分析采用聚类分析法进行。确定各区抗旱能力构成和特点异同，然后在分区的基础上，对各评价分区内的省（自治区、直辖市）农业抗旱能力进行评价。这种方法将使抗旱能力评价在传统理论和方法基础之上更加客观、定量化。

选择了 7 个指标作为评价分区的指标，通过主成分法分析可知，这 7 个指标可以归纳为 3 个方面，即水资源分布、干旱背景和用水结构。各项指标的计算和含义描述如下：

（1）水资源分布。

1）人均水资源。以当地水资源总量与当地人口总数的比值表示，反映当地每个人水资源占有量。计算公式为

$$人均水资源量 = \frac{水资源总量}{总人口数}(\mathrm{m^3/人}) \tag{6.1}$$

人均水资源量越大，说明该水资源越充足，用水越不紧张；人均水资源量越小，说明水资源短缺程度越严重，用水越紧张。（中国人均只有 $2200\mathrm{m^3}$。）

2）亩均水资源。以当地水资源总量与当地耕地亩数的比值表示，反映单位耕地面积上的水资源数量。计算公式为

$$亩均水资源量 = \frac{水资源总量}{耕地总亩数}(\mathrm{m^3/亩}) \tag{6.2}$$

亩均水资源量越大，表示该地区单位耕地的水资源量越大，说明该地区应对干旱事件的能力越强；亩均水资源量越小，表示该地区单位耕地的水资源量越小，说明该地区应对干旱事件的能力越弱。

3）供水水源结构比。以地表水资源供水能力与地下水资源供水能力之比表示，反映当地供水水源结构。计算公式为

$$供水水源结构比 = \frac{地表水供水能力}{地下水供水能力} \tag{6.3}$$

供水水资源结构比与水资源构成密切相关，当供水水源结构比＜1.0 时，即该地区地下水资源供水能力超过地表水资源供水能力，表示该地区以地下水资源供给为主，该值越小说明地下水资源越丰富；当供水水源结构比＞1.0

时，即该地区地表水资源超过地下水资源的供水能力，表示该地区以地表水资源供给为主，该值越大说明地表水资源越丰富。

（2）干旱背景。

1）产水模数。以区域水资源总量与区域面积的比值表示，反映单位面积上水资源的数量。计算公式为

$$产水模数 = \frac{水资源总量}{区域面积}（万\ m^3 / km^2） \tag{6.4}$$

产水模数越大，表示单位面积上的水资源量越多，说明该地区水资源越丰富；产水模数越小，表示单位面积上的水资源量越少，说明该地区水资源越少。

2）年干旱指数。干旱指数是反映气候干旱程度的指标，通常定义为年蒸发能力和年降水量的比值，计算公式为

$$干旱指数 = \frac{年蒸发能力}{年降水量} \tag{6.5}$$

采用多年平均年水面蒸发量和多年平均年降水量，可算得多年平均年干旱指数。多年平均年干旱指数与气候分布有密切关系，当多年平均年干旱指数＜1.0时，表示该区域蒸发能力小于降水量，该地区为湿润气候，当多年平均年干旱指数＞1.0时，即蒸发能力超过降水量，说明该地区偏于干旱，多年平均年干旱指数越大，即蒸发能力超过降水量越多，干旱程度就越严重。

3）旱作物种植比。以旱作物种植面积占旱作物面积＋水稻种植面积的百分比表示，反映农业用水结构。计算公式为

$$旱作物种植比 = \frac{旱作物种植面积}{旱作物种植面积＋水稻种植面积} \tag{6.6}$$

旱作物种植比反映了人类为适应自然环境而开展生产活动情况，在一定程度上也反映了一个地区的水资源状况。旱作物种植比越大，表示旱作物所占比重越大，说明该地区水资源少（可能无法满足作物的需水供水、灌溉等需求，所以选择种植需水量少的旱作物），从侧面分析出该地区作物对水的需求；旱作物种植比越小，表示旱作物所占比重越小，说明该地区水资源丰富，作物对水需求大。

（3）用水结构。高耗水行业用水比值以高耗水工业用水量占整个工业耗水量的比值表示，反映工业用水结构。计算公式为

$$高耗水行业用水比值 = \frac{高耗水行业用水量}{工业用水总量} \tag{6.7}$$

高耗水工业一般指纺织业、造纸业、石化业和冶金业等。高耗水行业用水比值越大，表示高耗水行业用水量占工业用水总量的比重越大，说明耗水越多，应对干旱事件的能力就越差；高耗水行业用水比值越小，表示高耗水行业

用水量占工业用水总量的比重越小，说明耗水越少，应对干旱的能力就越强。

各省级行政区抗旱能力评价分区指标值标准化后见表6.1。

表 6.1　　　　　　　　　各省级行政区抗旱能力评价分区指标

省级行政区	水资源分布			自然背景			用水结构
	人均水资源量	亩均水资源量	供水结构	产水模数	干旱指数	旱作比	高耗水行业用水比
北京	−0.255	−0.236	−0.604	−0.008	−0.794	0.935	0.781
天津	−0.258	−0.287	−0.849	0.030	−0.737	0.773	0.247
河北	−0.252	−0.289	−0.922	0.111	−0.794	0.903	−0.668
山西	−0.250	−0.290	−1.013	0.170	−0.786	0.935	0.171
内蒙古	−0.185	−0.270	−1.094	1.502	−0.767	0.870	−0.210
辽宁	−0.235	−0.267	−0.552	−0.305	−0.768	0.254	2.077
吉林	−0.211	−0.271	−0.601	−0.283	−0.700	0.449	0.400
黑龙江	−0.188	−0.273	−0.707	−0.283	−0.762	0.222	−1.430
江苏	−0.247	−0.271	−0.231	−0.509	2.030	−0.427	−1.049
浙江	−0.197	−0.082	1.528	−0.693	0.911	−1.433	−0.668
安徽	−0.220	−0.247	0.326	−0.596	−0.091	−0.168	−0.515
福建	−0.146	0.092	1.625	−0.666	0.789	−1.336	−1.201
江西	−0.139	−0.062	1.522	−0.666	0.031	−2.017	−1.278
山东	−0.251	−0.285	−0.649	−0.137	−0.733	0.870	1.162
河南	−0.247	−0.280	−0.495	−0.331	−0.770	0.741	−0.058
湖北	−0.198	−0.205	0.426	−0.617	1.505	−0.719	−1.811
湖南	−0.167	−0.102	1.189	−0.704	−0.133	−1.790	0.095
广东	−0.194	−0.013	1.879	−0.660	−0.148	−1.563	0.705
广西	−0.122	−0.101	1.192	−0.671	0.382	−1.303	−0.515
海南	−0.133	−0.111	1.531	−0.531	0.126	−1.466	−0.515
四川	−0.153	−0.147	0.432	−0.585	1.719	−0.070	−0.820
重庆	−0.153	−0.147	0.432	−0.585	1.719	−0.070	−0.820
贵州	−0.163	−0.198	0.568	−0.612	−0.393	0.189	0.323
云南	−0.091	−0.141	0.492	−0.526	1.221	0.124	0.552
西藏	5.183	5.158	−0.122	0.218	2.757	0.903	2.001
陕西	−0.223	−0.257	−0.625	−0.251	−0.641	0.805	−0.210
甘肃	−0.227	−0.278	−1.037	1.345	−0.644	0.935	1.696

省级 行政区	水资源分布			自然背景			用水结构
	人均水 资源量	亩均水 资源量	供水结构	产水模数	干旱指数	旱作比	高耗水行业 用水比
青海	0.148	0.224	−0.961	1.022	−0.638	0.935	0.171
宁夏	−0.256	−0.299	−1.170	1.270	−0.710	0.643	1.162
新疆	−0.121	−0.211	−1.073	3.966	−0.462	0.805	−0.592

经对上述指标进行聚类分析后发现，中国抗旱能力构成和特点在南、北方区域有明显差异。表 6.2 给出了抗旱能力评价分区的结果。

表 6.2　　　　　　　　　　**抗 旱 能 力 评 价 分 区**

序号	北方区	序号	南方区
1	北京	16	江苏
2	天津	17	浙江
3	河北	18	安徽
4	山西	19	福建
5	内蒙古	20	江西
6	辽宁	21	湖北
7	吉林	22	湖南
8	黑龙江	23	广东
9	山东	24	广西
10	河南	25	海南
11	陕西	26	重庆
12	甘肃	27	四川
13	青海	28	贵州
14	宁夏	29	云南
15	新疆	30	西藏

6.2.3　抗旱能力评价指标

抗旱能力评价指标是用来评价人类为了抵御干旱灾害所作的努力。评价指标主要从工程建设、经济投入、生产水平、应急响应和供水保障等方面进行考虑。选择评价指标的基本原则是：

(1) 评价指标意义明确，具有一定的代表性。

(2) 评价指标可定量化，便于统计和计算。

(3) 评价指标的数据易于获取，实用且普适。

(4) 评价层指标的数量尽可能精简，各指标评价层之间相对独立。

1. 农业抗旱能力评价指标体系

农业抗旱能力评价指标初步选择了水利工程、经济实力、生产水平、应急抗旱 4 个评价层的 8 个评价指标，建立了农业抗旱能力评价指标体系，见图 6.1。

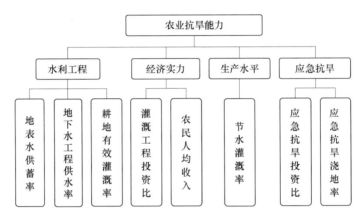

图 6.1 农业抗旱能力评价指标体系框图

各项指标的含义和计算公式如下：

(1) 水利工程保障能力指标。

1) 地表水供蓄率。以当地大中型水库库容和引提调工程供水能力占总可利用的水量的百分比表示，反映当地所有水利设施和工程对水资源量的利用程度。计算公式为

$$\text{地表水供蓄率} = \frac{\text{水库库容} + \text{引提调供水能力}}{\text{地表可利用水量}} \times 100\% \qquad (6.8)$$

地表水供蓄率数值高，表示当地地表水工程和设施建设情况较好。

2) 地下水工程供水率。以当地地下水工程供水能力占地下水多年平均资源量的百分比表示，反映当地地下水资源开发利用和设施建设情况。计算公式为

$$\text{地下水工程供水率} = \frac{\text{地下水工程供水能力}}{\text{地下水多年平均资源量}} \times 100\% \qquad (6.9)$$

地下水工程供水率数值较高，表示当地地下水开发利用和设施建设情况

较好。

3）耕地有效灌溉率。以当地有效灌溉面积占耕地面积的百分比表示，反映当地灌溉工程的建设和配套情况。计算公式为

$$耕地有效灌溉率 = \frac{有效灌溉面积}{耕地面积} \times 100\% \qquad (6.10)$$

耕地有效灌溉率数值较高，表示当地灌溉工程的建设和配套情况较好。

（2）经济实力支撑能力评价指标。

1）灌溉工程投资比（%）。以当地水利基本建设投资中的灌溉工程投资占水利基本建设总投资的百分比表示，反映当地用于灌溉工程投资情况。计算公式为

$$灌溉工程投资比 = \frac{灌溉工程投资}{水利基本建设投资} \times 100\% \qquad (6.11)$$

灌溉工程投资比数值较高，表示当地用于灌溉工程建设的经济投入较多。

2）农民人均收入（元）。以当地农村居民家庭人均纯收入来表示，反映当地农村居民的经济状况。

农民人均收入值较高，表示当地农村居民的经济状况和抵御灾害的能力较强。

（3）生产水平适应能力评价指标。

节水灌溉率（%）。以当地有效灌溉面积中采用喷滴灌、微灌、低压管灌、渠道防渗和其他工程节水措施的面积占有效灌溉面积的百分比表示，反映当地节水灌溉工程的建设和配套情况。计算公式为

$$节水灌溉率 = \frac{节水灌溉面积}{有效灌溉面积} \times 100\% \qquad (6.12)$$

节水灌溉率数值较高，表示当地节水灌溉工程的建设和配套情况较好。

（4）应急抗旱能力评价指标。

1）应急抗旱投资比（元/km²）。以当地抗旱投入资金与当地多年平均受旱面积的比值表示，反映当地应急抗旱资金投入的情况。计算公式为

$$应急抗旱投资比 = \frac{抗旱投入资金}{多年平均受旱面积} \qquad (6.13)$$

抗旱投资比数值较高，表示当地抗旱投入资金的力度较大。

2）应急抗旱浇地率（%）：以抗旱服务组织在干旱期的机动浇地面积占多年平均受旱面积的百分比表示，反映当地农业应急抗旱的能力。计算公式为

$$应急抗旱浇地率 = \frac{抗旱浇地面积}{多年平均受旱面积} \times 100\% \qquad (6.14)$$

应急抗旱浇地率数值高，表示当地的农业应急抗旱能力较强。

2. 区域抗旱能力评价指标体系

区域抗旱能力评价体系除了包含有对农业抗旱能力评价外，还考虑了区域和城镇供水情况以及区域经济实力和生产水平。从水利工程、经济基础、生产水平、应急响应以及供水保障 5 个方面考虑，将抗旱能力评价指标分为水利工程、经济实力、生产水平和应急抗旱 4 个评价层 13 个指标进行评价。图 6.2 为区域抗旱能力评价指标体系示意图。

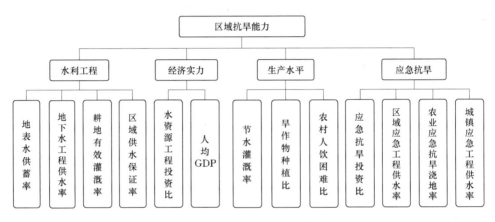

图 6.2 区域抗旱能力评价指标体系示意图

各项指标的含义和计算公式如下：

（1）地表水供蓄率。以地表水供蓄总量占地表水资源量与调水总量之和的百分比表示，反映当地地表水资源的利用和设施建设情况。计算公式为

$$地表水供蓄率 = \frac{大中型水库库容 + 引提调总量}{地表水资源量 + 调水总量} \times 100\% \qquad (6.15)$$

地表水供蓄率数值较高，表示当地地表水利用和设施建设情况较好。

（2）地下水工程供水率。以当地地下水工程供水能力占地下水多年平均资源量的百分比表示，反映当地地下水资源开发利用和设施建设情况。计算公式为

$$地下水工程供水率 = \frac{地下水工程供水能力}{地下水多年平均资源量} \times 100\% \qquad (6.16)$$

地下水工程供水率数值较高，表示当地地下水开发利用和设施建设情况较好。在该项指标计算中要考虑是否存在地下水超采，如果存在超采，除了扣除其超采的部分外，还要根据超采对生态环境的影响程度酌情削减该值。

（3）耕地有效灌溉率。以当地有效灌溉面积占耕地面积的百分比表示，反映当地灌溉工程的建设和配套情况。计算公式为

$$耕地有效灌溉率 = \frac{有效灌溉面积}{耕地面积} \times 100\% \tag{6.17}$$

耕地有效灌溉率数值较高，表示当地灌溉工程的建设和配套情况较好。

（4）区域供水保证率。以 $P=75\%$ 年份时，当地水资源工程可供水量占需水量的百分比表示，反映当地供水保障情况。计算公式为

$$区域供水保证率 = \frac{区域水资源工程可供水量}{区域需水量} \times 100\% \tag{6.18}$$

（5）水资源工程投资比（％）。以当地水利基本建设投资中的供水和灌溉工程投资占水利基本建设总投资的百分比表示，反映当地用于水资源工程投资的情况。计算公式为

$$水资源工程投资比 = \frac{水资源工程投资}{水利基本建设总投资} \times 100\% \tag{6.19}$$

水资源投资比数值较高，表示当地在水资源工程建设方面的经济投入较多。

（6）人均 GDP（万元）。以地区生产总值与区域总人口数之比表示，反映经济发展程度。计算公式为

$$人均 GDP(万元) = \frac{地区生产总值(亿元)}{区域总人口数(万人)} \tag{6.20}$$

人均 GDP 数值较高，表示当地经济发展水平较高，抵御灾害的能力较强。

（7）节水灌溉率（％）。以当地有效灌溉面积中采用喷滴灌、微灌、低压管灌、渠道防渗和其他工程节水措施的面积占有效灌溉面积的百分比表示，反映当地节水灌溉工程的建设和配套情况。计算公式为

$$节水灌溉率 = \frac{节水灌溉面积}{有效灌溉面积} \times 100\% \tag{6.21}$$

节水灌溉率数值较高，表示当地节水灌溉工程的建设和配套情况较好。

（8）旱作物种植比。以旱作物种值面积与农作物播种总面积之比表示，计算公式为

$$旱作物种植比 = \frac{旱作物种植面积}{旱作物种植面积 + 水稻种植面积} \tag{6.22}$$

旱作物种植比数值较高，表明当地旱作物种植比例较大，农作物耐旱。

（9）农村人饮困难比。以多年平均因旱饮水困难人口占多年平均乡村人口的百分比表示，反映当地农村因干旱造成饮水困难的情况。计算公式为

$$农村人饮困难比 = \frac{因旱饮水困难人口}{乡村总人口} \times 100\% \tag{6.23}$$

农村人饮困难比数值较高，表明在干旱期当地农民饮水困难的情况较为严重。考虑到与其他指标的匹配，评价时作了反向处理。

（10）应急抗旱投资比（元/hm²）。以当地抗旱总投入资金与当地多年平均受旱面积之比表示，反映当地应急抗旱资金的投入情况。计算公式为

$$应急抗旱投资比 = \frac{抗旱总投入资金}{多年平均受旱面积} \qquad (6.24)$$

应急抗旱投资比数值较高，表示当地抗旱投入资金的力度较大。

（11）区域应急工程供水率。以区域应急工程（城镇和农村应急抗旱供水工程）现状供水能力占区域干旱年（$P=75\%$）总需水量的百分比表示，反映当地应急供水保障程度。计算公式为

$$区域应急工程供水率 = \frac{区域应急工程供水能力}{区域总需水量(75\%)} \times 100\% \qquad (6.25)$$

区域应急工程供水数率数值较高，表示当地在干旱期应急供水保障能力较强。

（12）农业应急抗旱浇地率。以抗旱服务组织在干旱期的机动浇地面积占多年平均受旱面积的百分比表示，反映当地农业应急抗旱的能力。计算公式为

$$农业应急抗旱浇地率 = \frac{抗旱浇地面积}{多年平均受旱面积} \times 100\% \qquad (6.26)$$

农业应急抗旱浇地率数值较高，表示当地农业应急抗旱能力较强。

（13）城镇应急工程供水率。以城镇应急工程供水能力与城镇需水量之比表示，反映当地城镇的应急供水保证程度。计算公式为

$$城镇应急工程供水率 = \frac{城镇应急工程供水能力}{城镇需水量} \times 100\% \qquad (6.27)$$

城镇应急工程供水率数值较高，表示当地城镇应急供水保障能力较强。

3. 抗旱能力等级划分标准

将抗旱能力统一划分为强、较强、中等、较弱、弱五个等级。根据抗旱能力隶属度 L 的大小，来确定抗旱能力等级，等级划分标准见表6.3。

表 6.3　　　　　　　　　抗旱能力隶属度 L 等级划分及标准

程度	强	较强	中等	较弱	弱
等级	Ⅴ	Ⅳ	Ⅲ	Ⅱ	Ⅰ
L	>0.9	0.7~0.9	0.4~0.7	0.2~0.4	<0.2

4. 抗旱能力评价指标值

表6.4和表6.5给出了各省级行政区的农业和区域抗旱能力标准化后的评

价指标值。

表6.4 农业抗旱能力评价指标

评价区	省级行政区	地表水供蓄率	地下水工程供水率	耕地有效灌溉率	灌溉工程投资比	农民平均收入比	节水灌溉率	应急抗旱投资比	应急浇地率
北方区	北京	1.000	0.712	1.000	0.028	1.000	1.000	1.000	0.522
	天津	1.000	0.451	0.767	0.000	0.657	0.716	0.488	1.000
	河北	1.000	0.357	0.668	0.105	0.250	0.532	0.088	0.060
	山西	0.690	0.585	0.059	0.268	0.145	0.684	0.051	0.093
	内蒙古	0.459	0.657	0.210	0.325	0.225	0.625	0.048	0.028
	辽宁	1.000	0.902	0.146	0.047	0.343	0.179	0.215	0.015
	吉林	1.000	0.526	0.049	0.434	0.263	0.000	0.020	0.103
	黑龙江	0.188	1.000	0.025	0.271	0.256	0.730	0.042	0.019
	山东	1.000	0.651	0.565	0.349	0.361	0.346	0.074	0.235
	河南	1.000	0.793	0.541	0.082	0.210	0.198	0.064	0.121
	陕西	0.000	0.332	0.071	0.322	0.053	0.637	0.000	0.003
	甘肃	0.503	0.260	0.000	0.795	0.000	0.613	0.027	0.036
	青海	0.355	0.000	0.286	0.725	0.042	0.089	0.110	0.129
	宁夏	1.000	0.344	0.206	1.000	0.123	0.486	0.052	0.000
	新疆	0.445	0.161	0.921	0.968	0.104	0.548	0.363	0.351
南方区	江苏	1.000	1.000	1.000	0.180	0.715	0.545	0.316	1.000
	浙江	0.583	0.281	0.917	0.000	1.000	1.000	0.421	0.061
	安徽	0.614	0.783	0.665	0.050	0.217	0.245	0.076	0.316
	福建	0.239	0.143	0.863	0.063	0.527	0.757	0.113	0.482
	江西	0.241	0.346	0.739	0.141	0.298	0.095	0.078	0.132
	湖北	1.000	0.200	0.483	0.135	0.292	0.117	0.150	0.506
	湖南	0.274	0.466	0.856	0.189	0.274	0.036	0.167	0.079
	广东	0.373	0.624	0.757	0.067	0.559	0.000	0.097	0.167
	广西	0.252	0.248	0.234	0.115	0.142	0.636	0.148	0.194
	海南	0.299	0.427	0.188	1.000	0.251	0.640	0.174	0.884
	重庆	0.182	0.079	0.129	0.366	0.213	0.213	0.099	0.110
	四川	0.123	0.079	0.345	0.838	0.211	0.646	0.099	0.110
	贵州	0.347	0.219	0.000	0.564	0.004	0.520	0.076	0.056
	云南	0.085	0.048	0.054	0.806	0.055	0.417	0.085	0.873
	西藏	0.000	0.000	0.738	0.616	0.078	0.034	1.000	0.000

表 6.5　　　　　区域抗旱能力评价指标

省级行政区	区域抗旱能力评价指标												
	地表水供蓄率	地下水工程供水率	耕地有效灌溉率	区域供水保障率	水资源工程投资比	人均GDP	节水灌溉率	农村人饮困难比	旱作比	应急抗旱投资比	区域应急工程供水率	应急抗旱浇地率	城镇应急工程供水率
北京	1.000	0.712	1.000	0.821	0.727	1.000	1.000	1.000	0.996	1.000	0.682	0.691	0.458
天津	1.000	0.451	0.767	0.000	0.608	0.858	0.716	0.936	0.871	0.488	0.905	1.000	1.000
河北	1.000	0.357	0.668	0.399	0.710	0.207	0.532	0.472	0.964	0.088	0.042	0.040	0.071
山西	0.690	0.585	0.059	0.815	0.825	0.153	0.684	0.722	0.999	0.051	0.657	0.070	0.159
内蒙古	0.459	0.657	0.210	0.877	0.340	0.485	0.625	0.946	0.048	0.016	0.020	0.033	
辽宁	1.000	0.902	0.146	1.000	0.892	0.397	0.179	0.896	0.388	0.215	0.121	0.004	0.000
吉林	1.000	0.526	0.049	0.790	0.291	0.243	0.000	0.296	0.525	0.020	0.341	0.068	0.407
黑龙江	0.188	1.000	0.025	0.746	0.251	0.170	0.730	0.769	0.000	0.042	1.000	0.009	0.598
山东	1.000	0.651	0.565	0.677	0.508	0.407	0.346	0.829	0.954	0.074	0.583	0.243	0.177
河南	1.000	0.793	0.541	0.566	0.000	0.136	0.198	0.841	0.843	0.064	0.021	0.107	0.024
陕西	0.000	0.332	0.071	0.684	0.431	0.156	0.637	0.621	0.890	0.000	0.216	0.024	0.078
甘肃	0.503	0.260	0.000	0.533	0.720	0.000	0.613	0.264	0.995	0.027	0.186	0.024	0.012
青海	0.355	0.000	0.286	0.430	0.662	0.116	0.087	0.475	1.000	0.110	0.024	0.068	0.000
宁夏	1.000	0.344	0.206	0.783	1.000	0.156	0.486	0.445	0.767	0.052	0.030	0.016	0.714
新疆	0.445	0.161	0.921	0.891	0.799	0.123	0.548	0.542	0.943	0.363	0.015	0.267	0.003
江苏	1.000	1.000	1.000	0.335	0.204	1.000	0.545	0.967	0.520	0.260	0.334	1.000	0.011
浙江	0.583	0.281	0.917	0.357	0.106	0.994	1.000	1.000	0.389	0.373	0.004	0.055	0.018
安徽	0.614	0.783	0.665	0.274	0.000	0.178	0.245	0.743	0.597	0.001	0.257	0.262	0.018
福建	0.239	0.143	0.863	0.403	0.122	0.683	0.757	0.932	0.375	0.041	0.135	0.587	0.001
江西	0.241	0.346	0.739	0.286	0.162	0.203	0.095	0.796	0.000	0.003	0.014	0.121	0.003
湖北	1.000	0.200	0.483	0.272	0.172	0.360	0.117	0.742	0.559	0.080	0.607	0.462	0.011
湖南	0.274	0.466	0.856	0.269	0.120	0.294	0.036	0.633	0.174	0.099	0.695	0.066	0.031
广东	0.373	0.624	0.757	0.350	0.286	0.894	0.000	0.846	0.285	0.023	0.000	0.156	1.000
广西	0.252	0.248	0.234	0.303	0.208	0.165	0.636	0.229	0.405	0.078	0.024	0.167	0.054
海南	0.299	0.427	0.188	1.000	0.822	0.258	0.640	0.791	0.375	0.106	1.000	0.818	0.110
重庆	0.182	0.079	0.129	0.204	0.554	0.231	0.213	0.192	0.667	0.025	0.027	0.125	0.002
四川	0.123	0.079	0.345	0.261	0.777	0.175	0.646	0.569	0.654	0.025	0.012	0.125	0.001
贵州	0.347	0.219	0.000	0.365	1.000	0.000	0.520	0.000	0.766	0.000	0.004	0.039	0.001
云南	0.085	0.048	0.054	0.247	0.809	0.093	0.417	0.229	0.737	0.010	0.088	0.517	0.006
西藏	0.000	0.000	0.738	0.000	0.665	0.143	0.034	0.987	1.000	1.000	0.000	0.000	0.000

各评价层的权重系数见表 6.6 和表 6.7。

表 6.6　　　　　　　　　农业抗旱能力评价权重系数表

评价区	评价层	权重	第二评价层	权重
北方区	水利工程	0.622	地表水供蓄率	0.445
			地下水工程供水率	0.440
			耕地有效灌溉率	0.115
	经济实力	0.250	灌溉工程投资比	0.167
			农民人均收入	0.833
	生产水平	0.090	节水灌溉率	1.000
	应急抗旱	0.038	应急抗旱投资比	0.833
			应急抗旱浇地率	0.167
南方区	水利工程	0.622	地表水供蓄率	0.450
			地下水工程供水率	0.350
			耕地有效灌溉率	0.200
	经济实力	0.250	灌溉工程投资比	0.167
			农民人均收入	0.833
	生产水平	0.090	节水灌溉率	1.000
	应急抗旱	0.038	应急抗旱投资比	0.833
			应急抗旱浇地率	0.167

表 6.7　　　　　　　　　区域抗旱能力评价权重系数表

评价区	评价层	权重	第二评价层	权重
北方区	水利工程	0.340	地表水供蓄率	0.260
			地下水工程供水率	0.280
			耕地有效灌溉率	0.220
			区域供水保障率	0.240
	经济实力	0.260	水资源工程投资比	0.333
			人均 GDP	0.667
	生产水平	0.180	节水灌溉率	0.325
			农村人饮困难比	0.350
			旱作物种植比	0.325
	应急抗旱	0.220	应急抗旱投资比	0.255
			区域应急工程供水率	0.27
			农业应急抗旱浇地率	0.3
			城镇应急工程供水率	0.175

评价区	评价层	权重	第二评价层	权重
南方区	水利工程	0.340	地表水供蓄率	0.280
			地下水工程供水率	0.260
			耕地有效灌溉率	0.220
			区域供水保障率	0.240
	经济实力	0.260	水资源工程投资比	0.333
			人均GDP	0.667
	生产水平	0.180	节水灌溉率	0.325
			农村人饮困难比	0.350
			旱作物种植比	0.325
	应急抗旱	0.220	应急抗旱投资比	0.255
			区域应急工程供水率	0.27
			农业应急抗旱浇地率	0.3
			城镇应急工程供水率	0.175

6.3 农业抗旱能力评价结果分析

6.3.1 农业抗旱能力评价结果

应用前面给出的模糊评价方法，对表6.5给出的各省级行政区的农业抗旱能力评价指标值进行综合评价，分别得到了南方、北方两个评价区内各省级行政区农业抗旱能力的隶属度，按照从大到小排序，见表6.8。

表6.8　　　　　　　　　农业抗旱能力评价指标隶属度

评价区	省级行政区	隶属度	评价区	省级行政区	隶属度
北方区	北京	1.000	南方区	江苏	0.982
	天津	0.950		浙江	0.871
	山东	0.806		安徽	0.565
	辽宁	0.783		湖北	0.518
	河南	0.741		广东	0.429
	河北	0.660		福建	0.163
	吉林	0.597		湖南	0.131
	宁夏	0.550		海南	0.099
	山西	0.461		江西	0.054

续表

评价区	省级行政区	隶属度	评价区	省级行政区	隶属度
北方区	黑龙江	0.396	南方区	广西	0.023
	内蒙古	0.341		四川	0.022
	新疆	0.090		贵州	0.013
	甘肃	0.049		西藏	0.004
	陕西	0.006		云南	0.002
	青海	0.000		重庆	0.002

图 6.3 给出了南方、北方两个评价区各省级行政区农业抗旱能力隶属度分布情况。由图可知，在参与评价的中国 30 个省级行政区中，隶属度大于 0.7 的省级行政区有 7 个，占参与评价省级行政区总数的 23.3％，隶属度低于 0.4 的有 16 个，占参与评价省级行政区总数的 53.3％，其余的有 7 个，占了 23.3％。可以看出，在中国大部分省级行政区的农业抗旱能力隶属度较低。

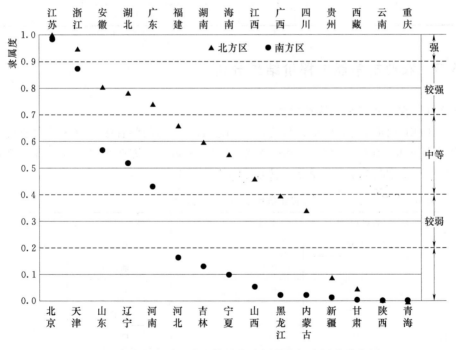

图 6.3　各省级行政区农业抗旱能力评价指标隶属度分布图

从地域来看，南方各省级行政区的农业抗旱能力隶属度普遍较低，隶属度变幅在 0.4 以下的省级行政区就有 10 个，说明南方大多数省级行政区的农业抗旱能力偏低，隶属度最高的是江苏省，最低的是云南省和重庆市；北方各省

级行政区的农业抗旱能力隶属度变幅较大，为 0.002～1.00，抗旱能力的 5 个
等级都有，但农业抗旱能力强弱分布不均匀，隶属度最高的是北京市，最低的
是青海省。

根据表 6.3 给出的抗旱能力等级划分标准，表 6.9 给出了南方、北方两个
评价区内各省级行政区抗旱能力等级表。

表 6.9　　　　　　　　　各评价区农业抗旱能力等级表

北方区		南方区	
省级行政区	等级	省级行政区	等级
北京	V	江苏	V
天津	V	浙江	IV
山东	IV	安徽	III
辽宁	IV	湖北	III
河南	IV	广东	III
河北	III	福建	I
吉林	III	湖南	I
宁夏	III	海南	I
山西	III	江西	I
黑龙江	II	广西	I
内蒙古	II	四川	I
新疆	I	贵州	I
甘肃	I	西藏	I
陕西	I	云南	I
青海	I	重庆	I

从表 6.9 可以看出，中国不同等级农业抗旱能力省级行政区的分布情况
为：农业抗旱能力强的有 3 个，农业抗旱能力较强的有 4 个，农业抗旱能力中
等的有 7 个，农业抗旱能力较弱的有 2 个，农业抗旱能力弱的有 14 个。

图 6.4 给出了中国不同等级农业抗旱能力省级行政区数的分布情况。

图 6.5 给出了南方、北方两个评价区不同等级农业抗旱能力省级行政区数
所占比例。

表 6.10 给出了南方、北方两个评价区中，不同等级抗旱能力省级行政区
数量。在北方区，农业抗旱能力较强以上的省级行政区有 5 个，占北方区参与
评价省级行政区数的 33.3%，分别是北京市、天津市、山东省、辽宁省、河
南省；农业抗旱能力中等的有 4 个，占北方区参与评价省级行政区数的
26.7%，分别是河北省、吉林省、宁夏回族自治区和山西省；农业抗旱能力较

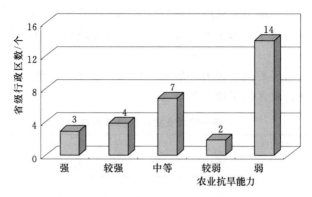

图 6.4　中国不同等级农业抗旱能力省级行政区数分布图

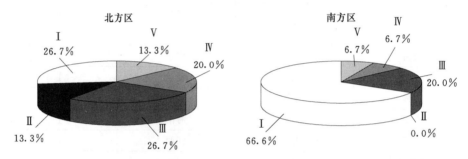

图 6.5　南方、北方区不同等级农业抗旱能力省级行政区数所占比例图

弱以下的有 6 个，占北方区参与评价省级行政区数的 40%，分别是黑龙江省、内蒙古自治区、新疆维吾尔自治区、甘肃省、陕西省和青海省。

表 6.10　　　　　南方、北方地区不同等级抗旱能力省级行政区数　　　　单位：个

农业抗旱能力等级		北方区	南方区	全国
强	V	2	1	3
较强	IV	3	1	4
中等	III	4	3	7
较弱	II	2	0	2
弱	I	4	10	14
合计		15	15	30

　　在南方区，抗旱能力较强以上的省级行政区只有 2 个，占南方区参与评价省级行政区数的 13.3%，分别是江苏省和浙江省；抗旱能力中等的只有 3 个，占了南方区参与评价省级行政区数的 20%，分别是安徽省、湖北省和广东省；其余的 10 个省级行政区的农业抗旱能力等级都属于弱，占了南方区参与评价省级行政区数的 66.6%。

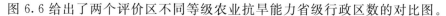

从不同等级抗旱能力的省级行政区数的比较来看，北方区农业抗旱能力在中等以上的省级行政区数是南方区省级行政区数的一倍以上，而南方区农业抗旱能力弱的省级行政区数是北方区的两倍以上。由此可见，南方区大部分省级行政区的农业抗旱能力明显要低于北方区省级行政省区。

图 6.6 给出了两个评价区不同等级农业抗旱能力省级行政区数的对比图。

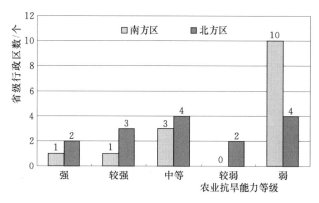

图 6.6　南方、北方区不同等级农业抗旱能力省级行政区数对比图

中国各省级行政区不同等级农业抗旱能力分布见图 6.7。可以看出农业抗旱能力较强省份主要集中于中国东部和部分沿海省份地区，在中国南方和西部的大部分地区农业抗旱能力普遍较弱。

6.3.2　农业抗旱能力分项分析

本节对南方、北方评价区内各省级行政区构成农业抗旱能力的各个分项进行分析，为提高农业抗旱能力提供参考依据。表 6.11 列出了各省级行政区农业抗旱能力各个分项的隶属度。

表 6.11　　　　　　　　　农业抗旱能力分项隶属度表

评价区	省级行政区	水利工程	经济实力	生产水平	应急抗旱	总隶属度
北方区	北京	0.979	0.964	1.000	0.993	1.000
	天津	0.882	0.594	0.864	0.644	0.950
	河北	0.817	0.078	0.563	0.008	0.660
	山西	0.640	0.038	0.824	0.004	0.461
	内蒙古	0.535	0.093	0.735	0.002	0.341
	辽宁	0.974	0.147	0.045	0.047	0.783
	吉林	0.822	0.145	0.000	0.001	0.597
	黑龙江	0.553	0.109	0.880	0.002	0.396
	山东	0.939	0.239	0.219	0.012	0.806

续表

评价区	省级行政区	水利工程	经济实力	生产水平	应急抗旱	总隶属度
北方区	河南	0.972	0.051	0.058	0.006	0.741
	陕西	0.032	0.012	0.754	0.000	0.006
	甘肃	0.207	0.023	0.716	0.001	0.049
	青海	0.053	0.033	0.010	0.016	0.000
	宁夏	0.727	0.119	0.473	0.002	0.550
	新疆	0.264	0.098	0.595	0.242	0.090
南方区	江苏	1.000	0.737	0.589	0.363	0.982
	浙江	0.605	0.962	1.000	0.241	0.871
	安徽	0.816	0.052	0.096	0.017	0.565
	福建	0.199	0.400	0.907	0.043	0.163
	江西	0.264	0.122	0.011	0.009	0.054
	湖北	0.761	0.116	0.017	0.065	0.518
	湖南	0.405	0.110	0.001	0.031	0.131
	广东	0.561	0.454	0.000	0.015	0.429
	广西	0.097	0.025	0.754	0.033	0.023
	海南	0.178	0.266	0.760	0.146	0.099
	重庆	0.025	0.089	0.068	0.012	0.002
	四川	0.032	0.175	0.770	0.012	0.022
	贵州	0.087	0.011	0.540	0.006	0.013
	云南	0.005	0.046	0.339	0.071	0.002
	西藏	0.029	0.039	0.001	0.961	0.004

从前面农业抗旱能力分析可知，农业抗旱能力是由 4 种能力构成的，农业抗旱能力的强弱取决于这 4 种能力强弱的组合。下面对各省区的这四种能力进行分析。

1. 水利工程保障能力分析

表 6.12 给出了南方、北方两个评价区内各省级行政区的水利工程隶属度及相应等级。

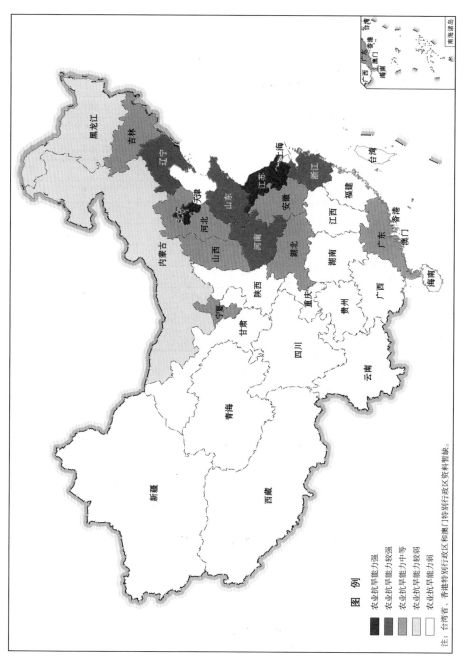

图 6.7　中国各省级行政区不同等级农业抗旱能力分布图

图 例

农业抗旱能力强
农业抗旱能力较强
农业抗旱能力中等
农业抗旱能力较弱
农业抗旱能力弱

注：台湾省、香港特别行政区和澳门特别行政区资料暂缺。

表 6.12　　　　　各省级行政区水利工程隶属度及相应等级

北方区			南方区		
省级行政区	水利工程	等级	省级行政区	水利工程	等级
北京	0.979	V	江苏	1.000	V
辽宁	0.974	V	安徽	0.816	IV
河南	0.972	V	湖北	0.761	IV
山东	0.939	V	浙江	0.605	III
天津	0.882	IV	广东	0.561	III
吉林	0.822	IV	湖南	0.405	III
河北	0.817	IV	江西	0.264	II
宁夏	0.727	IV	福建	0.199	I
山西	0.640	III	海南	0.178	I
黑龙江	0.553	III	广西	0.097	I
内蒙古	0.535	III	贵州	0.087	I
新疆	0.264	II	四川	0.032	I
甘肃	0.207	II	西藏	0.029	I
青海	0.053	I	重庆	0.025	I
陕西	0.032	I	云南	0.005	I

从表 6.12 中可以看出，在水利工程建设方面，北方地区的大部分省级行政区的水利工程建设情况要好于南方的省级行政区。从图 6.8 上也可以看出这一点，即北方省级行政区的数据点都高于在同一排序下的南方省级行政区。

由图 6.8 可知，中国水利工程保障能力较强以上的省级行政区有 11 个，占参与评价省级行政区总数的 36.7%；处于中等的有 6 个，占参与评价省级行政区总数的 20%；处于较弱以下水平的有 13 个，占参与评价省级行政区总数的 43.3%。

不同等级水利工程保障能力省级行政区所占比例见图 6.9。

从南方、北方两个评价区来看，在北方区，水利工程保障能力较强以上的省级行政区有 8 个，占北方区参与评价省级行政区数的 53.3%；处于中等的有 3 个，占参与评价省级行政区数的 20%；处于较弱以下水平的有 4 个，占参与评价省级行政区数的 26.7%。在南方区，水利工程保障能力较强以上的省级行政区有 3 个，占南方区参与评价省级行政区数的 20%；处于中等的有 3 个，占参与评价省级行政区数的 20%；处于较弱以下水平的有 9 个，占参与评价省级行政区数的 60%。南方、北方两个评价区不同等级水利工程保障能力省级行政区数的对比见图 6.10。

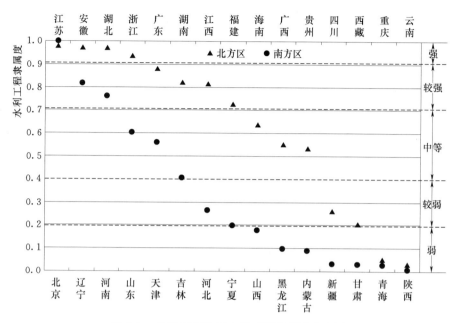

图 6.8 各省级行政区水利工程隶属度分布图

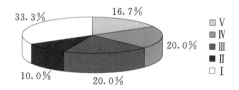

图 6.9 水利工程保障能力各等级省级行政区数所占比例图

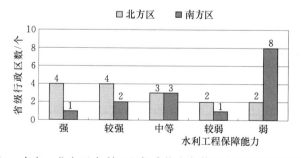

图 6.10 南方、北方区水利工程保障能力各等级省级行政区数对比图

2. 经济实力支撑能力分析

表 6.13 给出了南方、北方两个评价区内各省级行政区的经济实力隶属度及相应等级。

表 6.13 各省级行政区经济实力隶属度及相应等级

北方区			南方区		
省级行政区	经济实力	等级	省级行政区	经济实力	等级
北京	0.964	Ⅴ	浙江	0.962	Ⅴ
天津	0.594	Ⅲ	江苏	0.737	Ⅳ
山东	0.239	Ⅱ	广东	0.454	Ⅲ
辽宁	0.147	Ⅰ	福建	0.400	Ⅱ
吉林	0.145	Ⅰ	海南	0.266	Ⅱ
宁夏	0.119	Ⅰ	四川	0.175	Ⅰ
黑龙江	0.109	Ⅰ	江西	0.122	Ⅰ
新疆	0.098	Ⅰ	湖北	0.116	Ⅰ
内蒙古	0.093	Ⅰ	湖南	0.110	Ⅰ
河北	0.078	Ⅰ	重庆	0.089	Ⅰ
河南	0.051	Ⅰ	安徽	0.052	Ⅰ
山西	0.038	Ⅰ	云南	0.046	Ⅰ
青海	0.033	Ⅰ	西藏	0.039	Ⅰ
甘肃	0.023	Ⅰ	广西	0.025	Ⅰ
陕西	0.012	Ⅰ	贵州	0.011	Ⅰ

　　从表 6.13 中看出，中国各省级行政区经济实力方面（主要是农民经济收入）普遍比较弱，经济支撑能力弱的省级行政区占参与评价省级行政区总数的83.3%，反映了中国在这方面还很薄弱。图 6.11 给出了各省级行政区经济实力隶属度的分布。

　　由图 6.11 可知，中国经济实力支撑能力较强以上的只有 3 个省级行政区，占参与评价省级行政区总数的 10.0%；处于中等的有 2 个省级行政区，占参与评价省级行政区总数的 6.7%；处于较弱以下水平的有 25 个省级行政区，占参与评价省级行政区总数的 83.3%。不同等级经济实力支撑能力省级行政区数所占比例见图 6.12。

　　从南方、北方两个评价区来看，在北方区，经济实力支撑能力较强以上的省级行政区有 1 个，占北方区参与评价省级行政区数的 6.7%；支撑能力处于中等的有 1 个，占参与评价省级行政区数的 6.7%；处于较弱以下水平的有 13 个，占参与评价省级行政区数的 86.7%。在南方区，经济实力支撑能力较强以上的省级行政区有 2 个，占南方区参与评价省级行政区数的 13.3%；经济实力支撑能力处于中等的有 1 个，占参与评价省级行政区数的 6.7%；经济实力支撑能力处于较弱以下水平的有 12 个，占参与评价省级行政区数 80.0%。

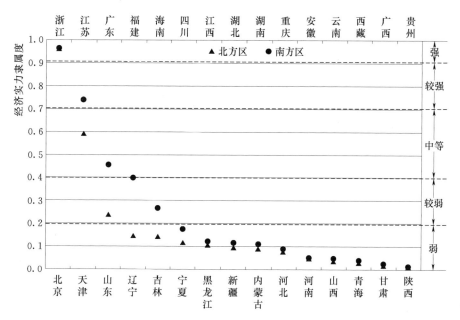

图 6.11 各省级行政区经济实力隶属度分布图

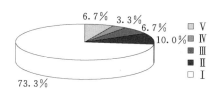

图 6.12 经济实力支撑能力各等级省级行政区数所占比例图

南方、北方两个评价区不同等级经济实力支撑能力省级行政区数对比见图 6.13。

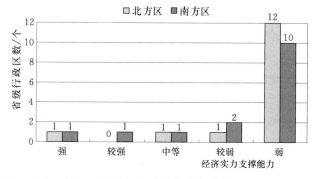

图 6.13 南方、北方区经济实力支撑能力各等级省级行政区数对比图

131

3. 生产水平适应能力分析

表 6.14 给出了南方、北方两个评价区内各省级行政区的生产水平隶属度及相应等级。

表 6.14　　　　　　　　　各省级行政区生产水平隶属度及相应等级

北方区			南方区		
省级行政区	生产水平	等级	省级行政区	生产水平	等级
北京	1.000	V	浙江	1.000	V
黑龙江	0.880	IV	福建	0.907	V
天津	0.864	IV	四川	0.770	IV
山西	0.824	IV	海南	0.760	IV
陕西	0.754	IV	广西	0.754	IV
内蒙古	0.735	IV	江苏	0.589	III
甘肃	0.716	IV	贵州	0.540	III
新疆	0.595	III	云南	0.339	II
河北	0.563	III	安徽	0.096	I
宁夏	0.473	III	重庆	0.068	I
山东	0.219	II	湖北	0.017	I
河南	0.058	I	江西	0.011	I
辽宁	0.045	I	湖南	0.001	I
青海	0.010	I	西藏	0.001	I
吉林	0.000	I	广东	0.000	I

从南方、北方两个评价区的生产水平来看，北方区内各省级行政区要比南方区内各省级行政区对干旱的适应能力强一些，在全国，适应能力为中等以上的省级行政区中，北方区占 58.8%，而南方区内各省级行政区在这方面相对要差一些，适应能力在较弱以下的省级行政区占 61.5%。图 6.14 给出了中国各省级行政区生产水平隶属度分布。

从整体上来说，中国生产水平适应能力较强以上的省级行政区有 12 个，占参与评价省级行政区总数的 40%；适应能力中等的有 5 个，占参与评价省级行政区总数的 16.7%；适应能力较弱以下的有 13 个，占参与评价省级行政区总数的 43.3%，见图 6.15。

从南方、北方两个评价区来看，在北方区，生产水平适应能力较强以上的省级行政区有 7 个，占北方区参与评价省级行政区数的 46.7%，生产水平适应能力处于中等的有 3 个，占参与评价省级行政区数的 20%；处于较弱以下水平的有 5 个，占参与评价省级行政区数 33.3%。在南方区，生产水平适应

能力较强以上的省级行政区有 5 个，占南方区参与评价省级行政区数的
33.3%；处于中等的有 2 个，占参与评价省级行政区数的 13.3%；处于较弱
以下水平的有 8 个，占参与评价省级行政区数的 53.3%。南方、北方两个评
价区不同等级生产水平适应能力省级行政区数的对比见图 6.16。

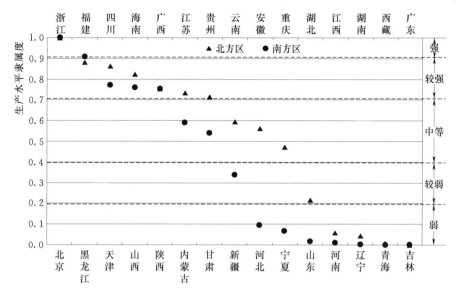

图 6.14　各省级行政区生产水平隶属度分布图

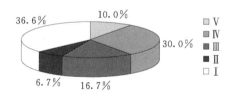

图 6.15　生产水平适应能力各等级省级行政区数所占比例图

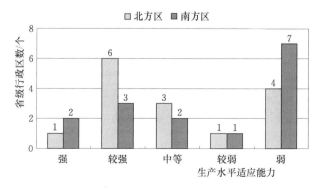

图 6.16　南方、北方区生产水平适应能力各等级省级行政区数对比图

4. 应急抗旱响应能力分析

表6.15给出了南方、北方两个评价区内各省级行政区的应急抗旱隶属度及相应等级。

表6.15 各省级行政区应急抗旱隶属度及相应等级

北方区			南方区		
省级行政区	应急抗旱	等级	省级行政区	应急抗旱	等级
北京	0.993	V	西藏	0.961	V
天津	0.644	III	江苏	0.363	II
新疆	0.242	II	浙江	0.241	II
辽宁	0.047	I	海南	0.146	I
青海	0.016	I	云南	0.071	I
山东	0.012	I	湖北	0.065	I
河北	0.008	I	福建	0.043	I
河南	0.006	I	广西	0.033	I
山西	0.004	I	湖南	0.031	I
内蒙古	0.002	I	安徽	0.017	I
宁夏	0.002	I	广东	0.015	I
黑龙江	0.002	I	重庆	0.012	I
吉林	0.001	I	四川	0.012	I
甘肃	0.001	I	江西	0.009	I
陕西	0.000	I	贵州	0.006	I

从表6.15可以看出，除了3个省级行政区外，大部分省级行政区应急抗旱隶属度都低于0.4，说明中国的应急抗旱能力整体上是比较弱的。从图6.17也可以看出这一点。

评价结果表明，中国应急抗旱能力较强以上的省级行政区有2个，占参与评价省级行政区总数的6.7%，分别为北京市和江苏省；应急抗旱能力中等的有1个，占参与评价省区总数的3.3%，为天津市；其余27个省级行政区的

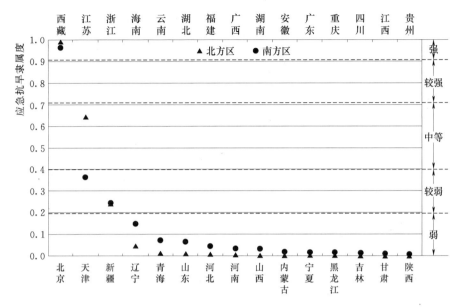

图 6.17 各省级行政区应急抗旱隶属度分布图

应急抗旱能力等级为较弱以下，占参与评价省级行政区总数的 90%，见图 6.18。

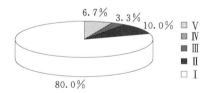

图 6.18 应急抗旱能力各等级省级行政区数所占比例图

从南方、北方两个评价区来看，在北方区，应急抗旱能力较强以上的省级行政区只有北京市，占北方区参与评价省级行政区数的 6.7%；应急抗旱能力处于中等的有 1 个，占参与评价省级行政区数的 6.7%；处于较弱以下水平的有 13 个，占参与评价省级行政区数的 86.6%。在南方区，应急抗旱能力较强以上的省级行政区有 1 个，占南方区参与评价省级行政区数的 6.7%。处于中等的有 0 个；处于较弱以下水平的有 14 个，占参与评价省级行政区数的 93.3%。南方、北方两个评价不同等级区应急抗旱能力省级行政区数的对比见图 6.19。

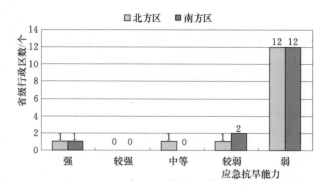

图 6.19　南方、北方区应急抗旱能力各等级省级行政区数对比图

6.3.3　农业抗旱能力总体评价

农业抗旱能力评价结果的统计见表 6.16。

表 6.16　　　　　　　　　农业抗旱能力评价结果统计

农业抗旱能力		北方区		南方区		全国	
程度	等级	省级行政区数	百分比/%	省级行政区数	百分比/%	省级行政区数	百分比/%
强	V	2	13.3	1	6.7	3	10.0
较强	IV	3	20.0	1	6.7	4	13.3
中等	III	4	26.7	3	20.0	7	23.3
较弱	II	2	13.3	0	0.0	2	6.7
弱	I	4	26.7	10	66.6	14	46.7
合　计		15	100.0	15	100.0	30	100.0

总体来看，中国农业抗旱能力总体偏弱，只有不到 1/4 的省级行政区农业抗旱能力程度在较强以上，一半以上的省级行政区农业抗旱能力程度为弱。

从地域上来看，农业抗旱能力中等以上的省级行政区主要分布在中国黄淮海地区以及东部沿海地区，农业抗旱能力弱的省级行政区主要分布在中国的西北和华南、西南地区。

从两个评价区来看，北方区有 40% 的省级行政区农业抗旱能力较弱，南方区有 66.7% 的省级行政区农业抗旱能力较弱。相比之下，北方区的农业抗旱能力较南方区要稍强一些。

通过前面的分析，可以看出各个省级行政区在构成农业抗旱能力的 4 个方面所存在的明显弱项，见表 6.17。

表 6.17　　　　　　　各省级行政区农业抗旱能力中的弱项

省级行政区	水利工程	经济实力	生产水平	应急抗旱	省级行政区	水利工程	经济实力	生产水平	应急抗旱
北京					江苏				√
天津					浙江				√
河北		√		√	安徽		√	√	√
山西		√		√	福建	√	√		√
内蒙古		√		√	江西	√	√		√
辽宁		√	√		湖北	√	√		√
吉林		√	√	√	湖南	√	√		
黑龙江		√		√	广东			√	√
山东		√	√	√	广西	√	√		√
河南					海南				
陕西	√	√		√	重庆	√	√	√	
甘肃	√	√		√	四川	√	√		√
青海	√	√	√	√	贵州	√	√		√
宁夏		√		√	云南		√	√	
新疆	√	√		√	西藏		√	√	

从表 6.17 可以看出，有 43％的省级行政区需要加强水利工程保障能力的建设，主要是加强地表、地下水利工程建设，增加农田灌溉面积，提高耕地灌溉；有 83.3％的省级行政区需要加强经济支撑能力建设，关键在于提高农民的收入，加大对灌溉工程配套改造的投资力度；有 46.7％的省级行政区需要加强生产适应能力建设，主要是采用新的节水技术，提高节水灌溉面积；有 90％的省级行政区需要加强应急抗旱能力的建设，加强应急水源工程建设和农村抗旱服务队的建设。

中国各省级行政区农业抗旱能力分项的分布见图 6.20。

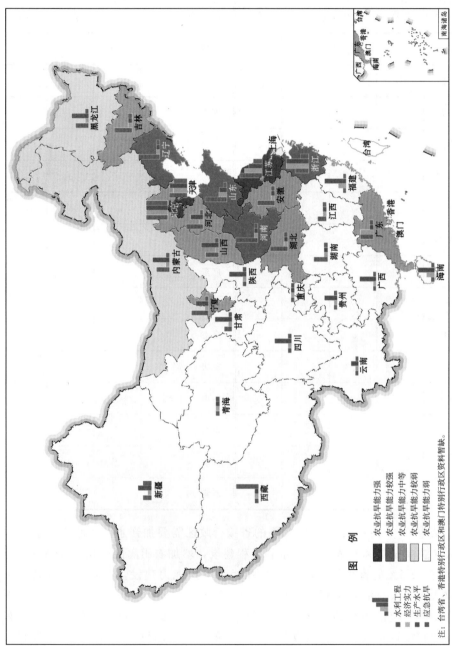

图 6.20　中国各省级行政区农业抗旱能力分项分布图

注：台湾省、香港特别行政区和澳门特别行政区资料暂缺。

6.4　区域抗旱能力评价结果分析

6.4.1　区域抗旱能力评价结果

应用模糊评价方法对前面给出的各省级行政区域抗旱能力进行综合评价，得到了南方、北方两个评价区各省级行政区域抗旱能力的隶属度，见表6.18。

表 6.18　　　　　　　　　　　　区域抗旱能力隶属度

评价区	省级行政区	隶属度	评价区	省级行政区	隶属度
北方区	北京	1.000	南方区	江苏	0.993
	天津	0.964		浙江	0.782
	山东	0.627		海南	0.663
	辽宁	0.599		广东	0.544
	山西	0.374		福建	0.369
	河北	0.338		安徽	0.255
	宁夏	0.338		湖北	0.244
	河南	0.325		西藏	0.085
	新疆	0.316		四川	0.075
	内蒙古	0.254		湖南	0.062
	黑龙江	0.170		贵州	0.022
	吉林	0.110		江西	0.021
	陕西	0.043		云南	0.021
	甘肃	0.042		广西	0.010
	青海	0.019		重庆	0.009

图6.21给出了南方、北方两个评价区各省级行政区区域抗旱能力隶属度分布情况。由图可知，在参与评价的中国30个省级行政区中，隶属度大于0.7的只有4个，占参与评价省级行政区总数的13.3%；隶属度低于0.4的有22个，占参与评价省级行政区总数的73.4%，其余的有4个，占参与评价省级行政区总数的13.3%。可以看出，中国大部分省级行政区的区域抗旱能力隶属度较低。

从地域来看，南方区各省级行政区的区域抗旱能力隶属度与北方区相比普遍较低，北方区和南方区隶属度差异主要表现在区域抗旱能力较弱以下的区域，而中等以上的隶属度近乎重合。南方区隶属度最高的是江苏省，最低的是重庆市；北方区隶属度最高的是北京市，最低的是青海省。

根据前面给出的抗旱能力等级划分标准，表6.19给出了南方、北方两个评价区内各省级行政区的区域抗旱能力等级。

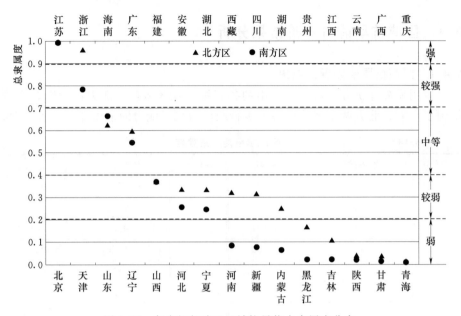

图 6.21　各省级行政区区域抗旱能力隶属度分布

表 6.19　　　　　　　　　各省级行政区区域抗旱能力等级表

北方区		南方区	
省级行政区	等级	省级行政区	等级
北京	V	江苏	V
天津	V	浙江	IV
山东	III	海南	III
辽宁	III	广东	III
山西	II	福建	II
河北	II	安徽	II
宁夏	II	湖北	II
河南	II	西藏	I
新疆	II	四川	I
内蒙古	II	湖南	I
黑龙江	I	贵州	I
吉林	I	江西	I
陕西	I	云南	I
甘肃	I	广西	I
青海	I	重庆	I

从表 6.19 可以看出，中国不同等级区域抗旱能力省级行政区的分布情况为：区域抗旱能力强的有 3 个，区域抗旱能力较强的有 1 个，区域抗旱能力中等的有 4 个，区域抗旱能力较弱的有 9 个，区域抗旱能力弱的 13 个。图 6.22 给出了中国不同等级区域抗旱能力省级行政区的分布情况。

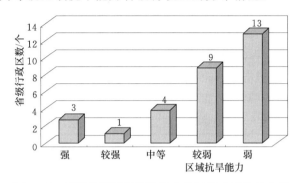

图 6.22　不同等级区域抗旱能力省级行政区数分布图

图 6.23 给出了南方、北方两个评价区不同等级区域抗旱能力省级行政区数所占比例。

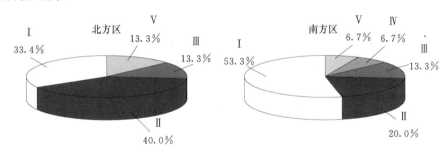

图 6.23　南方、北方区不同等级区域抗旱能力省级行政区数所占比例图

对表 6.19 统计可知，在北方区，区域抗旱能力较强以上的省级行政区有 2 个，占北方区参与评价省级行政区数的 13.3%，分别是北京市、天津市；区域抗旱能力中等的有 2 个，占北方区参与评价省级行政区数的 13.3%，分别是山东省和辽宁省；区域抗旱能力较弱以下的有 11 个，占北方区参与评价省级评价区数的 73.4%，分别是山西省、河北省、宁夏回族自治区、河南省、新疆维吾尔自治区、内蒙古自治区、黑龙江省、吉林省、陕西省、甘肃省和青海省。

在南方区，区域抗旱能力较强以上的省级行政区有 2 个，占南方区参与评价省级行政区数的 13.3%，分别是江苏省和浙江省；区域抗旱能力中等的有 2 个，占南方区参与评价省级行政区数的 13.3%，分别是海南省和广东省；区域抗旱能力较弱的有 3 个，占南方区参与评价省级行政区数的 20%，分别是福建省、安徽省和湖北省；区域抗旱能力弱的有 8 个，占南方区参与评价省级行政区数的 53.4%，分别是西藏自治区、四川省、湖南省、贵州省、江西省、云南省、广西壮族自治区和重庆市。

表 6.20 给出了南方、北方两个评价区，不同等级区域抗旱能力的省级行政区数量。从不同等级区域抗旱能力省级行政区数的比较来看，北方区区域抗旱能力在中等以上的省级行政区数和南方区相等，而南方区区域抗旱能力弱的省级行政区数比北方区多出 3 个。由此可见，南方区的区域抗旱能力与北方区相比较低。图 6.24 给出了南方、北方两个评价区不同等级区域抗旱能力省级行政区数的对比图。

表 6.20 南方、北方区不同等级区域抗旱能力省级行政区数

区域抗旱能力等级		北方区	南方区	全国
强	V	2	1	3
较强	IV	0	1	1
中等	III	2	2	4
较弱	II	6	3	9
弱	I	5	8	13
合计		15	15	30

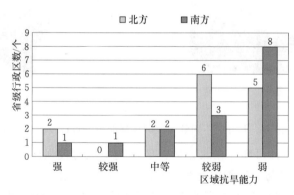

图 6.24 南方、北方区不同等级区域抗旱能力省级行政区数对比图

中国各省级行政区不同等级区域抗旱能力分布见图 6.25。可以看出，区域抗旱能力较强的省级行政区主要集中于中国东部和部分沿海地区，南方和西部的大部分地区区域抗旱能力普遍较弱。

6.4.2 区域抗旱能力分项分析

本节对各省级行政区区域构成抗旱能力的各单项能力进行分析，为提高区域抗旱能力提供参考依据。表 6.21 列出了各省级行政区区域抗旱能力各个分项的隶属度。

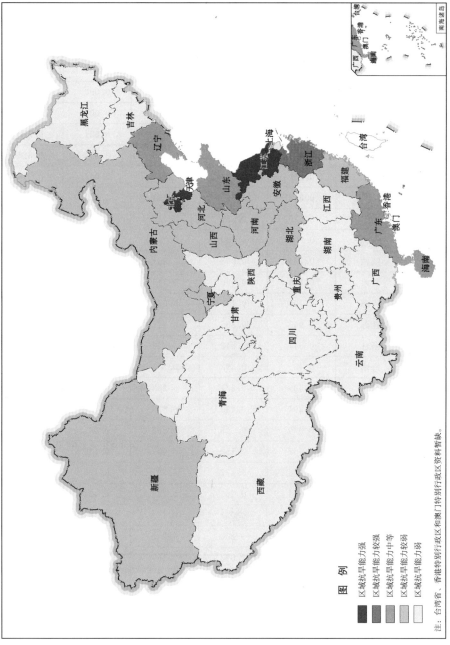

图 6.25 中国各省级行政区不同等级区域抗旱能力分布图

图 例

区域抗旱能力强
区域抗旱能力较强
区域抗旱能力中等
区域抗旱能力较弱
区域抗旱能力弱

注：台湾省、香港特别行政区和澳门特别行政区资料暂缺。

143

表 6.21　　　　各省级行政区区域抗旱能力分项隶属度表

评价区	省级行政区	水利工程	经济实力	生产水平	应急抗旱	总隶属度
北方区	北京	0.981	0.990	1.000	0.876	1.000
	天津	0.609	0.922	0.967	0.967	0.964
	山东	0.879	0.383	0.860	0.132	0.627
	辽宁	0.930	0.621	0.496	0.009	0.599
	山西	0.603	0.267	0.941	0.090	0.374
	河北	0.697	0.264	0.777	0.004	0.338
	宁夏	0.674	0.376	0.624	0.031	0.338
	河南	0.887	0.010	0.748	0.004	0.325
	新疆	0.651	0.222	0.811	0.044	0.316
	内蒙古	0.618	0.375	0.521	0.001	0.254
	黑龙江	0.526	0.057	0.513	0.287	0.170
	吉林	0.706	0.109	0.125	0.051	0.110
	陕西	0.124	0.098	0.861	0.006	0.043
	甘肃	0.198	0.090	0.719	0.005	0.042
	青海	0.108	0.153	0.540	0.003	0.019
南方区	江苏	0.965	0.885	0.825	0.417	0.993
	浙江	0.547	0.842	0.942	0.016	0.782
	海南	0.452	0.392	0.704	0.622	0.663
	广东	0.535	0.834	0.288	0.080	0.544
	福建	0.291	0.493	0.838	0.076	0.369
	安徽	0.670	0.018	0.567	0.031	0.255
	湖北	0.507	0.152	0.459	0.188	0.244
	西藏	0.036	0.177	0.821	0.105	0.085
	四川	0.054	0.265	0.730	0.002	0.075
	湖南	0.403	0.087	0.143	0.089	0.062
	贵州	0.092	0.200	0.340	0.000	0.022
	江西	0.288	0.052	0.167	0.002	0.021
	云南	0.014	0.197	0.411	0.048	0.021
	广西	0.109	0.046	0.341	0.006	0.010
	重庆	0.030	0.208	0.230	0.003	0.009

　　从前面区域抗旱能力分析可知，区域抗旱能力是由4种能力构成的，区域抗旱能力的强弱取决于区域各个单项能力的强弱。下面对各省级行政区的这些

单项能力进行分析。

1. 水利工程保障能力分析

表 6.22 给出了南方、北方两个评价区中各省级行政区的水利工程隶属度及相应等级。

表 6.22　各省级行政区水利工程隶属度及相应等级

北方区			南方区		
省级行政区	水利工程	等级	省级行政区	水利工程	等级
北京	0.981	V	江苏	0.965	V
辽宁	0.930	V	安徽	0.670	III
河南	0.887	IV	浙江	0.547	III
山东	0.879	IV	广东	0.535	III
吉林	0.706	IV	湖北	0.507	III
河北	0.697	III	海南	0.452	III
宁夏	0.674	III	湖南	0.403	III
新疆	0.651	III	福建	0.291	II
内蒙古	0.618	III	江西	0.288	II
天津	0.609	III	广西	0.109	I
山西	0.603	III	贵州	0.092	I
黑龙江	0.526	III	四川	0.054	I
甘肃	0.198	I	西藏	0.036	I
陕西	0.124	I	重庆	0.030	I
青海	0.108	I	云南	0.014	I

从表 6.22 中可以看出，在水利工程建设方面，北方区大部分省级行政区的水利工程建设情况要好于南方区。从图 6.26 上也可以看出这一点。

由图 6.26 可知，中国水利工程保障能力较强以上的省级行政区有 6 个，占参与评价省级行政区总数的 20%；处于中等的有 13 个，占参与评价省级行政区总数的 43.3%；处于较弱以下水平的有 11 个，占参与评价省级行政区总数的 36.7%。不同等级水利工程保障能力省级行政区数所占比例见图 6.27。

在北方区，水利工程保障能力较强以上的省级行政区有 5 个，占北方区参与评价省级行政区数的 33.3%；处于中等的有 7 个，占参与评价省级行政区数的 46.7%；处于较弱以下水平的有 3 个，占参与评价省级行政区数的 20%。在南方区，水利工程保障能力较强以上的省级行政区有 1 个，占参与评价省级行政区数的 6.7%；处于中等的有 6 个，占参与评价省级行政区数的 40%；处于较弱以下水平的有 8 个，占参与评价省级行政区数的 53.3%。南方、北方

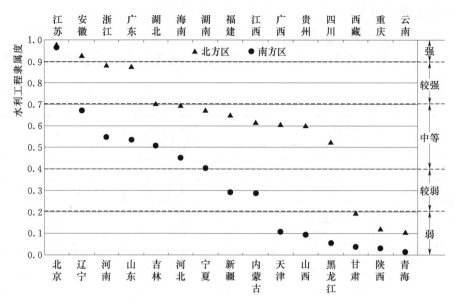

图 6.26 各省级行政区水利工程隶属度分布图

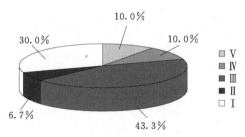

图 6.27 水利工程保障能力各等级省级行政区数所占比例图

两个评价区不同等级水利工程保障能力省级行政区数的对比见图 6.28。

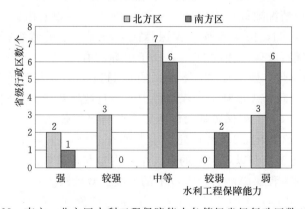

图 6.28 南方、北方区水利工程保障能力各等级省级行政区数对比图

2. 经济实力支撑能力分析

表 6.23 给出了各省级行政区的经济实力隶属度及相应等级。

表 6.23 各省级行政区经济实力隶属度及相应等级

北方区			南方区		
省级行政区	经济实力	等级	省级行政区	经济实力	等级
北京	0.990	V	江苏	0.885	IV
天津	0.922	V	浙江	0.842	IV
辽宁	0.621	III	广东	0.834	IV
山东	0.383	II	福建	0.493	III
宁夏	0.376	II	海南	0.392	II
内蒙古	0.375	II	四川	0.265	II
山西	0.267	II	重庆	0.208	II
河北	0.264	II	贵州	0.200	I
新疆	0.222	II	云南	0.197	I
青海	0.153	I	西藏	0.177	I
吉林	0.109	I	湖北	0.152	I
陕西	0.098	I	湖南	0.087	I
甘肃	0.090	I	江西	0.052	I
黑龙江	0.057	I	广西	0.046	I
河南	0.010	I	安徽	0.018	I

从表 6.23 来看，经济支撑能力较弱以下的省级行政区占参与评价省级行政区总数的 76.7%，说明中国在经济实力方面还很薄弱。图 6.29 给出了各省级行政区经济实力隶属度的分布。

由图 6.29 可知，中国经济实力支撑能力较强以上的省级行政区只有 5 个，占参与评价省级行政区总数的 16.6%；处于中等的有 2 个，占参与评价省级行政区总数的 6.7%；处于较弱以下水平的有 23 个，占参与评价省级行政区总数的 76.7%。从图中还可以看出，北方地区的经济实力隶属度与南方地区的经济实力隶属度差别并不大。不同等级经济实力支撑能力省级行政区数所占比例见图 6.30。

在北方区，经济实力支撑能力较强以上的省级行政区有 2 个，占北方区参与评价省级行政区数的 13.3%；支撑能力处于中等的有 1 个，占参与评价省级行政区数的 6.7%；处于较弱以下水平的有 12 个，占参与评价省级行政区数的 80%。在南方区，经济实力支撑能力较强以上的省级行政区有 3 个，占南方区参与评价省级行政区数的 20%；经济实力支撑能力处于中等的有 1 个，

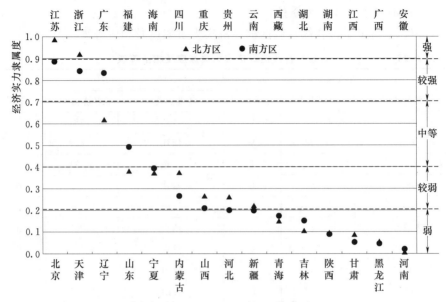

图 6.29　各省级行政区经济实力隶属度分布图

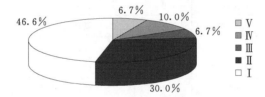

图 6.30　经济实力支撑能力各等级省级行政区数所占比例图

占参与评价省级行政区数的 6.7%；经济实力支撑能力处于较弱以下水平的有 11 个，占参与评价省级行政区数的 73.3%；南方、北方两个评价区不同等级经济实力支撑能力的省级行政区数对比见图 6.31。

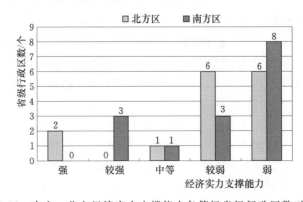

图 6.31　南方、北方经济实力支撑能力各等级省级行政区数对比图

3. 生产水平适应能力分析

表 6.24 给出了南方、北方两个评价区内各省级行政区的生产水平隶属度及相应等级。

表 6.24　　　　　　　　各省级行政区生产水平隶属度及相应等级

北方区			南方区		
省级行政区	生产水平	等级	省级行政区	生产水平	等级
北京	1.000	V	浙江	0.942	V
天津	0.967	V	福建	0.838	IV
山西	0.941	V	江苏	0.825	IV
陕西	0.861	IV	西藏	0.821	IV
山东	0.860	IV	四川	0.730	IV
新疆	0.811	IV	海南	0.704	IV
河北	0.777	IV	安徽	0.567	III
河南	0.748	IV	湖北	0.459	III
甘肃	0.719	IV	云南	0.411	III
宁夏	0.624	III	广西	0.341	II
青海	0.540	III	贵州	0.340	II
内蒙古	0.521	III	广东	0.288	II
黑龙江	0.513	III	重庆	0.230	II
辽宁	0.496	III	江西	0.167	I
吉林	0.125	I	湖南	0.143	I

从南方、北方两个评价区的生产水平来看，北方区各省级行政区要比南方区各省级行政区对干旱的适应能力要强，适应能力在较强以上的省级行政区有 9 个，占北方区参与评价省级行政区数的 60%；而南方区省级行政区在这方面相对要差一些，抗旱能力在较强以上的有 6 个，占南方区参与评价省级行政区数的 40%。图 6.32 给出了中国各省级行政区生产水平隶属度的分布。可以看出，同一等级下北方区的生产水平隶属度普遍大于南方区的生产水平隶属度，说明北方区生产水平优于南方区。

从整体上来说，中国生产水平适应能力较强以上的省级行政区数有 15 个，

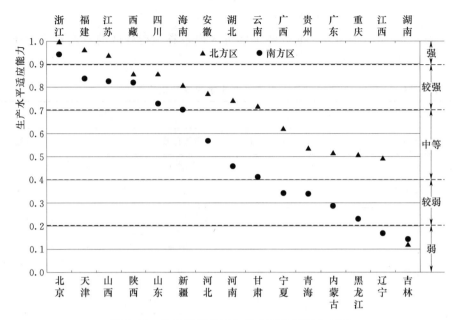

图 6.32　各省级行政区生产水平隶属度分布图

占参与评价省级行政区总数的 50%；适应能力中等的有 8 个，占参与评价省级行政区总数的 26.7%；适应能力较弱以下的有 7 个，占参与评价省级行政区总数的 23.3%。中国不同等级生产水平适应能力分布见图 6.33。

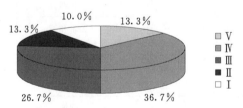

图 6.33　不同等级生产水平适应能力省级行政区数所占比例图

从南方、北方两个评价区来看，在北方区，生产水平适应能力较强以上的省级行政区有 9 个，占北方区参与评价省级行政区数的 60%；生产水平适应能力处于中等的有 5 个，占参与评价省级行政区数的 33.3%；处于较弱以下水平的只有 1 个，占参与评价省级行政区数的 6.7%。在南方区，生产水平适应能力较强以上的省级行政区有 6 个，占南方区参与评价省级行政区数的 40%；处于中等的有 3 个，占参与评价省级行政区数的 20%；处于较弱以下水平的有 6 个，占参与评价省级行政区数的 40%。

南方、北方两个评价区不同等级生产水平适应能力省级行政区数的对比见图 6.34。

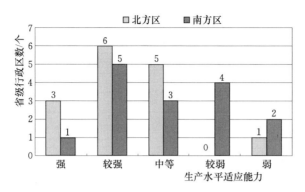

图 6.34　南方、北方区生产水平适应能力各等级省级行政区数对比图

4. 应急抗旱响应能力分析

表 6.25 给出了南方、北方两个评价区内各省级行政区的应急抗旱隶属度及相应等级。

表 6.25　　　　　　各省级行政区应急抗旱隶属度及相应等级

北方区			南方区		
省级行政区	应急抗旱	等级	省级行政区	应急抗旱	等级
天津	0.967	Ⅴ	海南	0.622	Ⅲ
北京	0.876	Ⅳ	江苏	0.417	Ⅲ
黑龙江	0.287	Ⅱ	湖北	0.188	Ⅰ
山东	0.132	Ⅰ	西藏	0.105	Ⅰ
山西	0.090	Ⅰ	湖南	0.089	Ⅰ
吉林	0.051	Ⅰ	广东	0.080	Ⅰ
新疆	0.044	Ⅰ	福建	0.076	Ⅰ
宁夏	0.031	Ⅰ	云南	0.048	Ⅰ
辽宁	0.009	Ⅰ	安徽	0.031	Ⅰ
陕西	0.006	Ⅰ	浙江	0.016	Ⅰ
甘肃	0.005	Ⅰ	广西	0.006	Ⅰ
河南	0.004	Ⅰ	重庆	0.003	Ⅰ
河北	0.004	Ⅰ	四川	0.002	Ⅰ
青海	0.003	Ⅰ	江西	0.002	Ⅰ
内蒙古	0.001	Ⅰ	贵州	0.000	Ⅰ

从表 6.25 可以看出，除了 4 个省级行政区外，大部分省级行政区应急抗旱隶属度都低于 0.4，说明中国的应急抗旱能力整体上较为薄弱。从图 6.35 可以看出，在应急抗旱方面南方、北方区之间差异较小，整体水平较低。

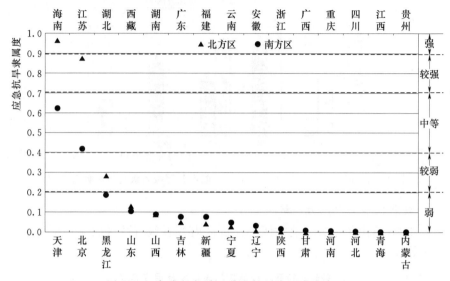

图 6.35 　 各省级行政区应急抗旱隶属度分布图

评价结果表明, 中国区域应急抗旱能力较强以上的省级行政区有 2 个, 占参与评价省级行政区总数的 6.7%, 分别为天津市和北京市; 区域应急抗旱能力中等的有 2 个, 占参与评价省级行政区总数的 6.7%, 为海南省和江苏省; 其余 26 个省级行政区的区域应急抗旱能力等级为较弱以下, 占参与评价省级行政区总数的 86.7%, 见图 6.36。

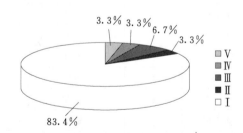

图 6.36 　 不同等级应急抗旱能力省级行政区数所占比例图

从南方、北方两个评价区来看, 北方区区域应急抗旱能力较强以上的有天津市和北京市, 占北方区参与评价省级行政区数的 13.3%; 应急抗旱能力处于处于较弱以下水平的有 13 个, 占参与评价省级行政区数的 86.7%。在南方区, 没有应急抗旱能力处于较强以上的省级行政区; 应急抗旱能力处于中等的有海南省和江苏省, 占南方区参与评价省级行政区数的 13.3%; 处于较弱以下水平的有 13 个, 占南方区参与评价省级行政区数的 86.7%。南方、北方两个评价区不同等级应急抗旱能力省级行政区数的对比见图 6.37。

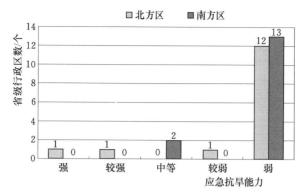

图 6.37 南方、北方区应急抗旱能力各等级省级行政区数对比图

6.4.3 区域抗旱能力总体评价

区域抗旱能力评价结果见表 6.26。

表 6.26 区域抗旱能力评价结果统计

区域抗旱能力		北方区		南方区		全国	
程度	等级	省级行政区数	％	省级行政区数	％	省级行政区数	％
强	V	2	13.3	1	6.7	3	10.0
较强	IV	0	0	1	6.7	1	3.3
中等	III	2	13.3	2	13.3	4	13.3
较弱	II	6	40.0	3	20.0	9	30.0
弱	I	5	33.3	8	53.3	13	43.3

从总体来看，中国区域抗旱能力总体偏弱，只有 13.3％的省级行政区区域抗旱能力程度在较强以上，超过一半的省级行政区区域抗旱能力程度为较弱以下。

从地域上来看，区域抗旱能力中等以上的省级行政区主要分布在中国黄淮海地区以及东部沿海地区，区域抗旱能力弱的省级行政区主要分布在中国的西北、华南和西南地区。

从南方、北方两个评价区来看，北方区有 33.3％的省级行政区区域抗旱能力为弱，南方区有 53.3％的省级行政区区域抗旱能力为弱，相比之下，北方区的区域抗旱能力较南方区要稍强一些。

通过前面的分析，可以看出各省级行政区在构成区域抗旱能力的 4 个方面存在的明显弱项，见表 6.27。

表 6.27　　　　　　　　各省级行政区区域抗旱能力中的弱项

省级行政区	水利工程	经济实力	生产水平	应急抗旱	省级行政区	水利工程	经济实力	生产水平	应急抗旱
北京					江苏				
天津					浙江				√
河北		√		√	安徽		√		
山西		√		√	福建	√			√
内蒙古		√		√	江西	√	√	√	√
辽宁				√	湖北		√		√
吉林		√	√		湖南				
黑龙江		√		√	广东				√
山东		√		√	广西	√	√		√
河南		√		√	海南		√		
陕西	√			√	重庆	√			√
甘肃					四川				
青海	√	√			贵州	√	√		
宁夏		√		√	云南	√	√		√
新疆		√		√	西藏	√	√		√

可以看出，对于区域抗旱能力而言，有 36.7% 的省级行政区需要加强水利工程保障能力的建设，主要是加强地表、地下水利工程建设，增加农田灌溉面积，提高耕地灌溉；有 76.7% 的省级行政区需要加强经济支撑能力建设，关键在于提高居民收入，加大对灌溉工程配套改造的投资力度；有 23.3% 的省级行政需要加强生产适应能力建设，主要是采用新的节水技术，提高节水灌溉面积，加大力度解决人饮困难；有 86.7% 的省级行政需要加强应急抗旱能力的建设，加强应急水源工程建设和农村抗旱服务队的建设。中国各省级行政区区域抗旱能力分项的分布见图 6.38。

通过前面对南方、北方两个评价区农业抗旱能力和区域抗旱能力的评价与分析，可以得出以下结论：除了少数省级行政区以外，大部分省级行政区的农业抗旱能力还比较弱。南方区和北方区相比，北方区的抗旱能力要略高于南方区。从农业抗旱能力的单项分析来看，北方区的水利工程和生产水平方面要强于南方区；在经济实力方面，南北方区没有很大差别；在应急抗旱方面，南北方区属于较弱以下的省级行政区都占了较大比例，差别不大。

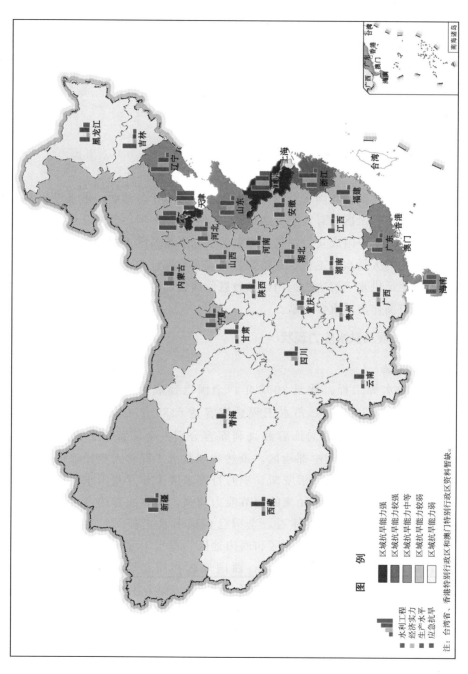

图 6.38 中国各省级行政区区域抗旱能力分项分布图

注: 台湾省、香港特别行政区和澳门特别行政区资料暂缺。

155

第7章

中国抗旱面临的情势和对策

7.1 中国抗旱保障能力现状

新中国成立初期，我国水资源开发利用基础设施十分薄弱，供水设施基本以小型分散为主，全国仅有大中型水库20多座，1949年，全国总供水量仅有约1030亿 m³。新中国成立后，党和国家对水利事业高度重视，兴建了包括水资源工程在内的大量水利工程，对防御洪涝灾害、保证农业持续稳定增产，为工业及城镇生活供水、解决边远山区和牧区的居民和牲畜饮水困难，以及保护生态环境等方面作出了重要贡献。

7.1.1 水利工程及供水能力现状

1. 供水设施

（1）地表水源工程。截至2007年，全国已建成大中小型水库8.89万座，塘坝等工程589万座，蓄水工程总库容达5189亿 m³，兴利库容2436亿 m³，其中大型蓄水工程总库容和兴利库容分别占全部蓄水工程的66%和69%，主要分布在我国东中部地区。虽然我国蓄水工程对天然径流的调蓄控制能力低于美国、加拿大、俄罗斯、墨西哥等水资源开发利用水平较高的国家，但北方地区蓄水工程对径流的调节能力较强，兴利库容约占多年平均年径流量的60%～70%。从整体看，全国已建成引水工程95.00万处，主要分布在长江中下游地区、华南地区和西南地区；提水工程43.65万处，主要分布在长江中下游地区、华南地区、西南地区和西北地区；调水工程639处，主要分布在黄淮海地区和长江中下游地区。2007年中国六大片区地表供水设施分布情况见图7.1。

（2）地下水源工程。全国地下水源工程设施主要为地下水开采井。目前，全国共有地下水开采井991.24万眼，主要分布在黄淮海平原，其中，浅层地下水井916.70万眼，深层地下水井74.54万眼。

表7.1给出了2007年中国六大片区供水基础设施情况。

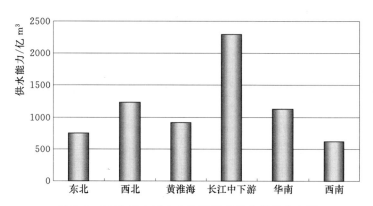

图 7.1 2007 年中国六大片区地表供水设施分布图

表 7.1 2007 年中国六大片区供水基础设施情况

六大片区	蓄水工程/万座	引水工程/万处	提水工程/万处	调水工程/处	水井工程			
					浅层地下水		深层承压水	
					水井数/万眼	其中配套机电井数/万眼	水井数/万眼	其中配套机电井数/万眼
东北地区	3.12	0.33	1.11	11	104.80	80.62	10.70	9.28
黄淮海地区	37.82	1.38	3.30	497	262.66	233.17	30.17	27.50
长江中下游地区	471.66	30.37	18.76	111	232.14	60.52	5.28	6.64
华南地区	15.50	30.41	6.52	11	99.03	9.89	0.95	0.44
西南地区	69.09	29.58	6.29	6	166.30	2.88	2.15	0.25
西北地区	0.54	2.93	7.67	3	51.78	39.69	25.29	21.74
全国	597.73	95.00	43.65	639	916.70	426.77	74.54	65.85

2. 供水能力

供水能力是指供水工程系统在现状条件下相应设计供水保证率的可供水量，与来水状况、工程条件、需水特性和运行调度方式等有关。现状条件下，中国年总供水能力为 6948 亿 m³。地表水供水设施年供水能力为 5716 亿 m³，其中，蓄水工程供水能力 1944 亿 m³；引水工程供水能力 2127 亿 m³；提水工程供水能力 1544 亿 m³；调水工程供水能力 101 亿 m³。地下水总开采能力为 1148 亿

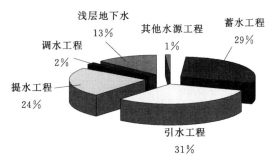

图 7.2 2007 年中国总供水能力组成比例图

m³，其中浅层地下水井开采能力为 889 亿 m³，深层地下水井开采能力为 259 亿 m³。其他水源工程供水能力 84 亿 m³。2007 年中国总供水能力组成比例见图 7.2，2007 年中国六大片区水利工程供水能力见表 7.2。

表 7.2　　　　　　2007 年中国六大片区水利工程供水能力表　　　　　单位：亿 m³

六大片区	地表水工程					水井工程			其他水源工程	现状总供水能力
	蓄水工程	引水工程	提水工程	调水工程	小计	浅层地下水	深层承压水	小计		
东北地区	158	137	137	10	442	254	51	305	3	750
黄淮海地区	196	162	59	39	456	334	103	437	23	916
长江中下游地区	691	581	890	30	2192	58	25	83	18	2293
华南地区	450	344	252	17	1063	50	7	57	11	1131
西南地区	240	234	114	2	590	16	1	17	14	621
西北地区	209	669	92	3	973	177	72	249	15	1237
全国	1944	2127	1544	101	5716	889	259	1148	84	6948

7.1.2　抗旱应急备用水源供水能力现状

我国水利工程及配套设施基础薄弱，大部分地区缺少抗旱应急水源工程，抗旱保障体系不完善等，导致抗旱能力薄弱，当遭遇严重及以上干旱年份，不能满足抗旱应急需求，严重影响粮食安全、人饮安全和生态安全。

截至 2007 年，全国有 569 个县级及以上行政单元建有抗旱应急水源工程，其中县级行政单元 468 个，仅占全国 2863 个县级行政单元的 16.3%。抗旱应急水源工程主要分布在黄淮海地区、长江中下游地区及东北地区，华南、西南和西北地区不但抗旱应急水源工程少，且配套设施并不完善，应急能力十分薄弱。中国六大片有抗旱应急水源工程的行政单元数见表 7.3。

表 7.3　　　　中国六大片区有抗旱应急水源工程的行政单元数

六大片区	行政单元数/个			
	省级	地级	县级	小计
东北地区	0	21	76	97
黄淮海地区	1	9	123	133
长江中下游地区	0	41	176	217
华南地区	0	9	4	13
西南地区	0	2	48	50
西北地区	0	18	41	59
全国	1	100	468	569

据统计，我国现状抗旱应急水源工程供水能力为 40.57 亿 m³，其中农村人饮为 3.67 亿 m³，农业灌溉为 10.25 亿 m³，城镇供水 26.65 亿 m³。全国六大片区中，黄淮海地区抗旱应急水源工程供水能力较强，华南地区最弱，西南地区、西北地区抗旱应急水源工程供水能力都不足 10 亿 m³。图 7.3 给出了中国六大片区抗旱应急水源工程供水能力情况。由此可见，我国抗旱应急水源工程供水能力明显不足，在遭遇严重及以上干旱年份时，远远不能满足抗旱应急需求。

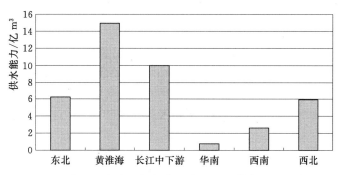

图 7.3 中国六大片区抗旱应急水源工程供水能力示意图

7.1.3 水资源供需分析及缺水状况

1. 基准水平年水资源供需分析

以 2007 年为基准水平年进行全国水资源供需分析。在基准水平年条件下，全国多年平均年可供水量为 6146 亿 m³，需水量为 6453 亿 m³，缺水量为 307 亿 m³，其中北方地区缺水 182 亿 m³，南方地区缺水 125 亿 m³；严重干旱年（$P=90\%\sim95\%$）缺水量为 1431 亿 m³，其中北方地区缺水 694 亿 m³，南方地区缺水 737 亿 m³；特大干旱年（$P\geqslant97\%$）缺水量为 1792 亿 m³，其中北方地区缺水 795 亿 m³，南方地区缺水 997 亿 m³。基准水平年中国水资源供需平衡分析成果见表 7.4。

表 7.4 　　　　基准水平年中国水资源供需平衡分析成果

分区	频率	可供水量/亿 m³	需水量/亿 m³	缺水量/亿 m³	缺水率/%
全国	多年平均	6146	6453	307	4.8
	75%	6133	6888	755	11.0
	90%~95%	5855	7286	1431	19.6
	≥97%	5601	7393	1792	24.2
北方区	多年平均	2712	2894	182	6.3
	75%	2629	3048	419	13.8
	90%~95%	2444	3138	694	22.1
	≥97%	2319	3114	795	25.5

分区	频率	可供水量/亿 m³	需水量/亿 m³	缺水量/亿 m³	缺水率/%
南方区	多年平均	3434	3559	125	3.5
	75%	3504	3840	336	8.7
	90%～95%	3411	4147	737	17.8
	≥97%	3282	4279	997	23.3

2. 2020 水平年的水资源供需分析

2020 水平年条件下，全国 $P=75\%$ 的中等干旱年可供水量为 7449 亿 m³，需水量为 7838 亿 m³，缺水量为 389 亿 m³，其中北方地区缺水 288 亿 m³，南方地区缺水 101 亿 m³；严重干旱年（$P=90\%～95\%$）缺水量为 1005 亿 m³，其中北方地区缺水 546 亿 m³，南方地区缺水 459 亿 m³；特大干旱年（$P≥97\%$）缺水量为 1373 亿 m³，其中北方地区缺水 671 亿 m³，南方地区缺水 702 亿 m³。2020 年水平年中国水资源供需平衡分析成果见表 7.5。

表 7.5　　　　　　　　　2020 水平年中国水资源供需平衡分析成果

分区	典型年	可供水量/亿 m³	需水量/亿 m³	缺水量/亿 m³	缺水率/%
全国	多年平均	7433	7408	0	0.0
	75%	7449	7838	389	5.0
	90%～95%	7214	8218	1005	12.2
	≥97%	6898	8271	1373	16.6
北方区	多年平均	3319	3362	43	1.3
	75%	3222	3510	288	8.2
	90%～95%	3050	3596	546	15.2
	≥97%	2856	3527	671	19.0
南方区	多年平均	4114	4046	0	0.0
	75%	4227	4328	101	2.3
	90%～95%	4164	4623	459	9.9
	≥97%	4042	4744	702	14.8

从表 7.4 和表 7.5 可看出，在遭遇 $P=90\%～95\%$ 的严重干旱年时，在基准水平年条件下，全国缺水率为 19.6%，在 2020 水平年条件下，全国缺水率为 12.2%；而在遭遇 $P≥97\%$ 的特大干旱年时，在基准水平年条件下，全国缺水率为 24.2%、在 2020 水平年条件下，全国缺水率则为 16.6%。

3. 不同水平年中国六大片区缺水率

图 7.4 给出了基准水平年中国六大片区的缺水状况。可以看出，无论是严

重干旱年还是特大干旱年，西南地区缺水率都是最大，分别为29.1%和34.6%；华南地区严重干旱年缺水率为最小，为12.3%。

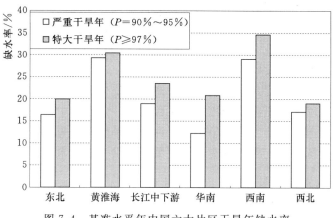

图7.4 基准水平年中国六大片区干旱年缺水率

图7.5给出了我国六大片区在2020水平年的缺水状况。可以看出，西南地区在严重干旱年和特大干旱年的缺水率为最大，分别为21.3%和27.9%；华南地区严重干旱年和特大干旱年的缺水率为最小，分别为4.5%和10.1%。

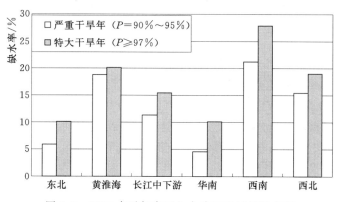

图7.5 2020水平年中国六大片区干旱年缺水率

通过对不同水平年六大片区水资源供需分析可看出，全国遭遇不同干旱年时的缺水程度严重，抗旱工作面临严峻挑战。

7.1.4 抗旱减灾保障体系现状

1. 旱情监测预警和抗旱指挥调度系统

（1）旱情监测预警系统。我国旱情监测系统主要由土壤墒情监测站、蒸发站和地下水监测站组成。目前建设有2090个土壤墒情站，1389个蒸发站，

7347 个地下水监测站。但由于旱情监测站少，监测项目不全，监测手段落后，现有的墒情监测分散在农业、水利和气象等部门，未能实现整合和资源共享，统计数据偏差大，严重影响了旱情统计的科学性和准确性。

在旱情预警系统建设方面，缺乏旱情综合分析与预警功能，旱情信息管理分散，管理部门多元化，不利于旱情信息的管理与使用，造成很大的资源浪费，不利于各级人民政府作出科学的抗旱决策。

（2）抗旱指挥调度系统。抗旱指挥调度系统包括抗旱会商子系统和调度决策子系统，在国家防汛抗旱指挥系统工程中统一建设了中央、省级抗旱指挥调度系统。充分运用旱情监测、旱情分析评估和旱情预警等子系统的成果进行会商应用，制定抗旱调度指挥方案，为决策者提供全面技术支持。

2. 抗旱减灾管理服务体系

抗旱减灾管理服务体系包括政策法规、抗旱预案制度、抗旱投入与物资储备、抗旱服务组织、抗旱减灾基础研究和抗旱宣传培训。

（1）政策法规。新中国成立后特别是改革开放以来，国务院及各部委先后制定发布了《中华人民共和国水法》《中华人民共和国抗旱条例》《抗旱工作规范化、标准化建设意见》《旱灾损失与抗旱效益计算办法（试行）》《特大防汛抗旱补助费使用管理暂行办法》等重要法律条例。但从目前来看，全国抗旱工作法规还不够健全，缺少约束性规定，抗旱执法力度不够，侵占、破坏抗旱设施的现象依然存在。农业抗旱也缺少政策支持，没有形成良性的运行机制。

（2）抗旱预案制度。为了使抗旱工作有序开展，近几年，按照国家防汛抗旱总指挥部的要求，重点抓了抗旱工作的预案管理，组织编制抗旱预案。目前，全国有 31 个省（自治区、直辖市）的 2119 个县（市）编制完成了抗旱预案，通过政府批准执行的有 1461 份，但普遍存在适用性差、可操作性不强的问题，还应进一步对各级抗旱预案进行修订和完善。

（3）抗旱投入与物资储备。1990 年以来，抗旱投入人力变化幅度不大，增长速度较小，年均投入抗旱人数为 11228 万人次。抗旱资金投入总体呈增加趋势，年均抗旱投入资金由 2000 年以前的 47.22 亿元增至 2000 年以后的 90.9 亿元，增长到原来的 1.93 倍。1990—2007 年全国年均投入资金 67.91 亿元，其中，中央投入占 4.5%、地方投入占 14.5%、其余为群众自筹资金。其中，1999 年、2000 年、2001 年及 2007 年全国抗旱总投入超过 100 亿元。1999—2007 年中国抗旱投入资金见图 7.6。

目前，全国已有 1508 个县（市）建有抗旱物资储备库，抗旱设备固定资产达 49.63 亿元。虽然国家、地方和群众投入了大量资金，但并没有完全形成长效的抗旱机制，原因一是每年对抗旱基础设施建设投入太少，抗旱资金大多

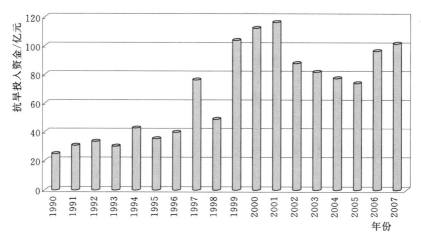

图 7.6　1999—2007 年中国抗旱投入资金图

用于油电补助，形成抗旱固定资产的不多；二是由于抗旱工程、抗旱设备没有实行审批、验收制度，抗旱费使用缺少监督机制。

（4）抗旱服务组织。多年来，我国各级政府高度重视抗旱工作，每年都把抗旱作为政府的中心工作之一全面安排部署，并成立了以中央、省级、市级、县级防汛抗旱指挥部门，负责对抗旱工作的组织协调、决策和指挥。形成了政府发动，部门指导，群众投入的抗旱体系，逐步加强各级抗旱服务组织建设，增强了抗旱服务组织的功能，加大了抗旱工作力度。至 2007 年底，全国抗旱管理队伍专职人员为 9991 人，兼职人员 99780 人。全国已基本建成乡镇级抗旱服务组织 12913 个、县级抗旱服务组织 2364 个，抗旱服务人数 202138 人，机动浇地能力 197.6 万亩/d，应急送水能力 27.3 万 t/次。这些服务组织的建设，在全国抗旱服务工作中发挥了很好的作用。

（5）抗旱减灾基础研究。为指导全国抗旱减灾工作，针对全国干旱特点及形势，由国家防汛抗旱总指挥部办公室组织，水利部水利水电规划设计总院和南京水利科学研究院等单位完成了《中国抗旱战略研究》，系统分析了全国多年的旱灾情况及其影响，并提出了有效抵御旱灾的工程及非工程措施。

（6）抗旱宣传培训。国家防汛抗旱总指挥部办公室在培训管理方面不断创新工作思路，拓展培训领域，提高培训质量。培训内容主要围绕怎样应对不同级别的干旱、如何将旱灾损失程度降到最低和切实保障收益等方面，并在实际工作中收到实效。定期举办旱情统计培训班，将各省技术骨干组织起来集中培训，提高技术人员水平，使抗旱工作能够顺利开展，为抗旱工作提供重要技术保障。

7.2　中国抗旱工作面临的形势及挑战

当前和今后一个时期，是中国全面建设小康社会的关键时期，是深化改革开放、加快转变经济发展方式的攻坚阶段。为保持经济平稳较快发展，国家和社会对防旱减灾的要求越来越高，抗旱减灾工作将面临着严峻的干旱形势和挑战。

7.2.1　自然地理和气候条件决定了干旱长期存在

我国地势西高东低，其间山地、盆地、平原相间分布，地貌构成复杂；地域范围南北跨度大，东西距离长，各地气候条件迥异。特定的三级阶梯地理地貌条件和季风气候决定了各地水循环特点差异显著，导致水资源时空分布不均，极易形成干旱灾害。在时间分布上，大部分地区年内降水 60%～80% 集中在 5—9 月的汛期，甚至年径流由几次或一次降水形成。地表径流年际间丰枯变化一般相差 2～6 倍，最大达 10 倍以上，且往往出现连续枯水年段。天然来水过程与用水需水过程不匹配，如工业和城市生活供水需要基本平稳的供水过程，农业灌溉需水高峰往往出现在来水较枯的时段。在空间分布上，水资源分布格局也与经济社会发展格局不匹配，北方地区国土面积占全国的 64%，人口占 46%，耕地占 60%，GDP 占 45%，但水资源总量仅占全国的 19%。其中，黄河、淮河、海河 3 个水资源一级区国土面积占全国的 15%，耕地占 35%，人口占 35%，GDP 占 33%，水资源总量仅占全国的 7%。水资源与经济社会发展时空匹配的严重失衡，决定了我国不可能从根本上消除干旱灾害。

7.2.2　现有抗旱体系难以有效应对严重干旱

我国总体抗旱能力偏低，区域抗旱能力不平衡，难以适应经济社会快速发展对抗旱减灾工作的新要求，是水利的突出薄弱环节。现有水利工程体系尚不健全，水资源配置格局尚不完善，抗旱功能挖潜不足，抗旱应急备用水源建设严重滞后，抗旱法规预案制度不完善，抗旱调度和应急管理机制不健全，绝大多数地区没有建立抗旱物资储备且抗旱服务能力较低，抗旱减灾体系建设严重滞后。2009 年，全国耕地有效灌溉面积为 8.9 亿亩，但由于设计标准偏低、配套不全、工程设施老化失修，影响抗旱效益的充分发挥，农田旱涝保收面积只有 6.3 亿亩。截至 2010 年底，在正常年份，全国尚有约 3 亿饮水不安全农村人口，658 座城市中有 110 座严重缺水，当遭遇严重、特大干旱时，现有水利工程和抗旱减灾体系更难以有效应对。

7.2.3　气候变化和人类活动使极端干旱发生概率增加

近年来，随着全球气候变化和人类活动的加剧，流域下垫面状况和水循环系统都不同程度地发生了变化，降水年际年内变化增大，水资源时空分布不均问题更加明显，部分流域尤其是北方缺水地区降水和水资源的转换规律发生了变化，相同降水条件下产水量呈减少趋势。如海河流域，近 30 年以来，降水减少 10％，地表水资源减少 41％，产汇流条件发生明显变化，极端干旱事件发生概率增大。与中华民族近千年来发生的多次历史极旱相比，新中国成立以来还没有出现过类似的极旱事件，但今后出现极端干旱的可能性是存在的，必须防患于未然。

7.2.4 经济社会和生态环境对干旱的敏感性增强

近年来，我国抗旱减灾能力已有大幅度提高，但由于人口增长、大规模经济发展和城镇化进程加快，各区域对干旱的敏感性不断增强，耐受性逐渐降低，加剧了旱灾造成的影响和损失。特别是粮食生产方面，近年粮食产量的增长主要通过扩大灌溉面积、利用农田水利建设改造中低产田和调整种植结构提高单产实现的。自 1952 年至 2009 年，粮食播种面积由 18 亿亩减少到 16 亿亩，而农田有效灌溉面积由 2.5 亿亩增加到 8.9 亿亩，粮食产量则由 1100 亿kg 提高到 5300 亿 kg。依靠灌溉和改变种植结构，提高单产实现的农产品增长对自然降水和农灌供水适时、适量要求更高，对水量反应更加灵敏。生态环境用水被挤占，自然抗御旱灾的能力下降，使干旱的敏感性呈增强态势，生态安全受到严重威胁。同时，全国水资源利用效率总体不高，传统灌溉农业和高耗水产业等粗放的用水方式，更加剧了抗旱工作的难度。

干旱缺水将长期困扰中国经济社会的快速发展，一旦发生大范围、区域性的严重干旱，其影响和损失难以估量，甚至会影响到中国全面建设小康社会和现代化的进程。做好抗旱减灾工作，确保城乡居民生活用水安全，最大限度地减轻干旱灾害对经济社会和生态环境的影响，保障经济社会全面、协调、可持续发展，是一项长期而艰巨的任务，抗旱减灾工作必须实现战略性的转变。

7.3 中国抗旱战略对策

7.3.1 抗旱应急供水能力建设战略目标

针对不同干旱年份要满足人民生活、经济生产和生态环境最低需水的要求，抗旱应急供水能力建设要达到以下战略目标。

（1）发生中度干旱时，保障城乡居民生活、工业生产用水；使农业生产和生态环境不遭受大的影响。保障灌区（指设计条件下供水发生破坏时期）和非灌区基本口粮田的农作物播种期和关键生长期的最基本用水需求；保障国家级重要自然生态保护区的生态核心区的最基本生态用水；保障牧区重点饲草、饲料基地的最基本用水需求。

（2）发生严重干旱时，在保障城乡居民生活用水的前提下，尽可能保障城镇重点部门、单位和企业的最基本用水需求；保障指商品粮基地、基本口粮田、主要经济作物的农作物播种期或作物生长关键期的最基本用水需求。

（3）发生特大干旱时，保障城乡居民生活基本饮用水安全；保障城镇重点部门、单位和企业最基本用水需求；因地制宜，根据水源条件尽力保障商品粮基地、基本口粮田和主要经济作物的作物播种期或生长关键期最基本的用水。

7.3.2　抗旱应急水源工程战略布局

根据全国各大片区的地域和工程的特点，应建设不同类型的应急水源工程，做好应急水源工程的战略布局。

1. 各类抗旱应急水源工程建设

在启动抗旱预案，采取限制高耗水产业运行、降低用水定额等措施的基础上，可通过挖潜配套、连通互补、水量调度等抗旱应急工程的建设，保障抗旱对象基本用水需求。基于全国水资源配置方案，结合全国易旱区分布和旱情旱灾特点，因地制宜地建设不同模式的抗旱应急水源及工程系统，尽力使城镇和农村居民点的饮用水由单一水源变成多水源；使现有的水利工程在干旱期具有抗旱应急功能，通过应急水源及其工程系统建设，全面提高抗旱应急供水能力。抗旱应急水源工程建设包括：现有的水源工程改扩建，现有水利工程增建抗旱应急引水、提水和输水设施，新建地表水、地下水及其他水源的抗旱应急水源工程。

2. 抗旱应急水源工程布局

（1）东北地区是我国重要的商品粮生产基地，城市密集，已形成较为完备的综合工业体系，是我国老工业基地振兴和新型工业增长的主要地区之一。东北地区的中、西部易发春旱和春夏旱，旱灾危害较严重。该地区抗旱应急水源工程建设，主要是在现有水利工程挖潜、配套和改造的基础上，适度增加地表水蓄水工程和连通工程；加强流域水资源统一调度，统筹地表水和地下水的开发和利用。

（2）黄淮海地区是中国重要的工业基地、能源基地和粮食生产基地，在我国经济社会发展中具有十分重要的地位。大面积冬小麦种植区受春旱的威胁严重。抗旱应急水源工程系统建设，主要是合理配置水资源，遭遇严重干旱时，统筹当地水与外调水；地表水与地下水，以及其他水源，通过多种水源的优化调配，挖掘工程供水潜力；严格控制地下水开采量，涵养地下水源；新建部分引水和蓄水工程；地下水源工程，以及雨洪利用、再生水、海水及微咸水利用工程。

（3）长江中下游地区是我国重要的农产品生产基地，也是重要的经济中心地区，局部地区存在资源型缺水或季节性缺水。抗旱应急水源工程系统建设，主要是在加强水资源配置和保护的前提下，重点是强化河流、湖泊、水库的联合调度，增加引提水工程，合理布局中、小型水库等蓄水工程，并对已有小型水库工程进行扩建、清淤和除险加固，适当新建地下水工程，配置必要的机动抗旱设备。

（4）华南地区是我国沿海经济发达的地区，但发展不平衡，山区和丘陵区经济相对落后。部分地区缺乏控制性工程和水资源调配工程，工程型缺水问题较突出，局部地区存在水质型缺少和季节性缺水。抗旱应急水源工程系统建设是在加强水资源配置和保护的前提下，重点是强化河流、湖泊、水库的联合调度，对小型水库除险加固、整修配套，新建输水工程和中、小型水库等蓄水工程，适当考虑建设浅层地下水井，配置必要的机动抗旱设备。

（5）西南地区多高山峡谷，交通不便，经济社会发展相对滞后，水资源丰富，但缺少控制性骨干工程，水资源调控能力不足，田高水低，开发利用水平相对较低。该地区因旱人畜饮水困难问题突出。在长江上游区重点建设控制性骨干工程和人畜饮水工程，合理配置水资源，逐步解决农村人畜饮水困难的基础上，合理布局抗旱应急水源工程，重点加强抗旱应急蓄、引、提水能力建设，包括对现有小型水库清淤、扩建和除险加固；新建部分中、小型水库工程及小型抗旱应急水源工程，并配置必要的机动抗旱运水设备。

（6）西北地区气候干旱、降水稀少、水资源匮乏，生态环境脆弱。该地区水资源供需矛盾日益突出，水生态环境日趋恶化。抗旱应急水源工程建设，在农村人饮抗旱水源方面重点建设机井、小水井、集雨水窖等；乡镇和城市抗旱应急水源主要考虑对已有水源工程整修和管网配套，小型水库除险加固，新建输水、提水（引黄）配套工程、配置必要的机动抗旱运水设备。

抗旱应急水源工程建设可缓解干旱应急状态下的最低用水需求。当然，抗旱减灾工作不仅需要应急水源工程，更需要常规水源工程，需要所有水利工程的供水能力并在合理的调配和调度下，发挥最大的综合效率，保障干旱情形下的生活、生产和生态环境的最基本的用水需求。

7.3.3 抗旱减灾战略对策

面对严重的抗旱形势，抗旱工作必须实现战略性的转变，实现主动抗旱，全面抗旱和积极抗旱。根据不同类型旱情旱灾发生的特点，旱灾影响的范围和对象，有针对性地采取相应的措施和对策，建立长效抗旱机制，建立并完善抗旱应急水源工程体系、旱情监测预警预报系统、抗旱指挥调度系统、抗旱服务体系和抗旱管理体系，以全面提升全国综合抗旱减灾能力。

当前防旱抗旱工作重点是应对频发的严重干旱、涉及面广的持续性干旱以及损失严重的特大干旱，针对不同干旱年型和发生频率，统筹城乡饮水安全、粮食生产安全、城市供水安全和生态安全。改变以往抗旱投入严重不足，抗旱减灾体系不健全的局面，因地制宜，逐步建立与抗旱应急能力建设、应急水资源战略储备相适应的抗旱投入机制，形成一批抗旱固定资产。

建设城市备用水源工程，解决特大干旱年城市居民生活饮用水和重点工业生产用水问题；加大现有抗旱水源工程的除险、配套力度，建设乡镇抗旱应急水源工程，解决干旱年农村人畜饮水和农作物关键期需水量问题；建设小微型水利工程，解决山区、半山区的农村因旱饮水困难问题；加强生态抗旱应急补水工程建设，满足国家级自然生态保护区核心区的最基本生态用水需求。

建立水利工程联网调度系统，对干旱期的水资源进行应急调配；建立并完善旱情监测预测预警系统，对干旱的发生、发展实行全面的跟踪观测并发布预警信息，为实现主动抗旱、有效抗旱、及时抗旱提供决策支持；建立和完善各级抗旱调度指挥系统，为应对各类旱情旱灾，合理及时提供干旱期的人员、水量、物资的统一调配提供调度平台，使干旱危机期抗旱工作更加有效、有序。

进一步完善抗旱服务和管理保障体系，从法律、法规，人员配置，抗旱预案，物资准备和资金储备等方面健全抗旱管理系统建设，开展干旱风险管理的研究和试点，以提高全国抗旱管理的科学水平。

通过采取上述的措施和对策，使全国抗旱能力得到大幅提升，实现从容应对各类旱情旱灾，减少因旱造成的损失，促进经济又好又快发展，维护社会稳定，保护生态环境，为全面建设小康社会提供保障。

参 考 文 献

[1] 国家防汛抗旱总指挥部办公室，水利部南京水文水资源研究所．中国水旱灾害 [M]．北京：中国水利水电出版社，1997：281 - 433.

[2] 水利部水利水电规划设计总院．中国抗旱战略研究 [M]．北京：中国水利水电出版社，2008.

[3] 王劲峰．中国自然灾害区划 [M]．北京：中国科技出版社，1995.

[4] 宋连春，邓振镛，董安祥，等．干旱 [M]．北京：气象出版社，2003.

[5] 李庆祥，刘小宁，李小泉．近半个世纪华北干旱化趋势研究 [J]．自然灾害学报，2002，11（3）：50 - 56.

[6] 郭其蕴，沙万英．本世纪中国西北地区的干旱变化 [J]．水科学进展，1992，（1）：65 - 70

[7] 宋慧珠，张世法．区域干旱统计特征初步分析 [J]．水科学进展，1994（5）：18 -23.

[8] 陈菊英．中国旱涝的分析和长期预报研究 [M]．北京：农业出版社，1991：294 -334.

[9] 潘耀忠，龚道溢，王平．中国近 40 年旱灾时空格局分析 [J]．北京师范大学学报（自然科学版），1996，32（1）：138 - 143.

[10] 顾颖，倪深海，林锦，等．我国旱情旱灾情势变化及分布特征 [J]．中国水利，2011（13）：27 - 30.

[11] 毛飞，孙涵，杨红龙．干湿气候区划研究进展 [J]．地理科学进展，2011（1）：17 -26.

[12] 钱纪良，林之光．关子中国干湿气候区划的初步研究 [J]．地理学报，1965（1）：1 -14.

[13] 陈明荣．对于干湿气候区划指标问题的探讨 [J]．西北大学学报（自然科学版），1974（2）：11 - 19.

[14] 陈明荣．试论中国气候区划 [J]．地理科学，1990（4）：308 - 315.

[15] 丁裕国，张耀存，刘吉峰．一种新的气候分型区划方法 [J]．大气科学，2007（1）：129 - 136.

[16] 郭志华，刘祥梅，肖文发，等．基于 GIS 的中国气候分区及综合评价 [J]．资源科学，2007（6）：2 - 9.

[17] 丘宝剑．全国气候区划的一些问题 [J]．气象，1980（09）：6 - 8.

[18] 郑景云，尹云鹤，李炳元．中国气候区划新方案 [J]．地理学报，2010（1）：3 - 12.

[19] 陈咸吉．中国气候区划新探 [J]．气象学报，1982（1）：35 - 48.

[20] 陈志鹏，朱瑞兆，尹晓荣．中国气候数值区划的研究 [J]．应用气象学报，1991（3）：271 - 279.

[21] 缪启龙，李兆元，窦永哲．主成分分析在气候区划中的应用 [J]．南京气象学院学报，1987（4）：436－445.

[22] 亓来福．国内外农业气候区划方法 [J]．气象科技，1980（2）：32－35.

[23] 彭国照，罗清．气候多因子权重相似分析及其在农业气候区划中的应用 [J]．西南大学学报（自然科学版），2009（3）：136－140.

[24] 郑剑非，段向荣，严荧．中国农业气候区划探讨简报（水分部分）[J]．北京农业大学学报，1982（4）：115－120.

[25] 李世奎．中国农业气候区划研究 [J]．中国农业资源与区划，1998（3）：49－52.

[26] 冯丽文，郑景云．我国气象灾害综合区划 [J]．自然灾害学报，1994（4）：49－56.

[27] 王丽媛，于飞．农业气象灾害风险分析及区划研究进展 [J]．贵州农业科学，2011（11）：84－88.

[28] 张静怡，何惠，陆桂华．水文区划问题研究 [J]．水利水电技术，2006（1）：48－52.

[29] 孟伟，张远，郑丙辉．水生态区划方法及其在中国的应用前景 [J]．水科学进展，2007（2）：293－300.

[30] 杨爱民，唐克旺，王浩，等．中国生态水文分区 [J]．水利学报，2008（3）：332－338.

[31] 石秋池．关于水功能区划 [J]．水资源保护，2002（3）：58－59.

[32] 王超，朱党生，程晓冰．地表水功能区划分系统的研究 [J]．河海大学学报（自然科学版），2002（5）：7－11.

[33] 袁弘任．水功能区划方法及实践 [J]．水利规划与设计，2003（2）：19－24.

[34] 周丰，刘永，黄凯，等．流域水环境功能区划及其关键问题 [J]．水科学进展，2007（2）：216－222.

[35] 纪强，史晓新，朱党生，等．中国水功能区划的方法与实践 [J]．水利规划设计，2002·（1）：44－47.

[36] 任静，李新．水环境管理中现有水功能区划的研究进展 [J]．环境科技，2012（1）：75－78.

[37] 袁弘任．我国的水功能区划及其分级分类系统 [J]．中国水利，2001（7）：40－41.

[38] 朱党生，王筱卿，纪强，等．中国水功能区划与饮用水源保护 [J]．水利技术监督，2001（3）：33－37.

[39] 陈烈庭，吴仁广．中国东部的降水区划及备区旱涝变化的特征 [J]．大气科学，1994（5）：586－595.

[40] 陈上及，姚湜予．中国近海海洋水文气候区划——Ⅰ．主因子分析 [J]．海洋学报（中文版），1995（2）：1－11.

[41] 陈上及，姚湜予．中国近海海洋水文气候区划——Ⅱ．聚类分析和模糊聚类软划分 [J]．海洋学报（中文版），1995（3）：1－8.

[42] 李文亮，张冬有，张丽娟．黑龙江省气象灾害风险评估与区划 [J]．干旱区地理，2009（5）：754－760.

[43] 于飞，谷晓平，罗宇翔，等．贵州农业气象灾害综合风险评价与区划 [J]．中国农业气象，2009（2）：267－270.

[44] 祖世亨．黑龙江省旱涝灾害农业气候区划（一）——农业旱涝指标研究 [J]．黑龙

江气象，1995（3）：50-52.

[45] 祖世亨.黑龙江省旱涝灾害农业气候区划（二）——农作物水分生长期分析 [J].
黑龙江气象，1995（3）：53-55.

[46] 祖世亨.黑龙江省旱涝灾害农业气候区划（三）——旱涝起止日期的计算模型 [J].
黑龙江气象，1995（3）：56-57.

[47] 陈上及，李炳兰，姚湜予，等.用频率分布数字特征对中国近海水文气候区划的验
证 [J].海洋与湖沼，1995（3）：262-268.

[48] 丁亚明，赵艳平，张志红，等.基于主成分分析和模糊聚类的水文分区 [J].合肥
工业大学学报（自然科学版），2009（6）：796-801.

[49] 郭文利，权维俊，刘洪.精细化农业气候区划业务流程初步设计 [J].中国农业气
象，2010（1）：98-103.

[50] 黄耀欢，王建华，江东，等.基于蒸散遥感反演的全国地表缺水分区 [J].水利学
报，2009（8）：927-933.

[51] 王韶伟，许新宜，陈海英，等.基于SOFM网络的生态水文区划 [J].生态学杂志，
2010（11）：2302-2308.

[52] 林侃.地理信息系统在水环境功能区划工作中的应用 [J].福建环境，2003（4）：
27-28.

[53] 刘蕴薰，杨秉赓，李惠明.聚类分析方法在农业气候区划中的应用 [J].气象，
1981（10）：20-21.

[54] 王连喜，李欣，陈怀亮，等.GIS技术在中国农业气候区划中的应用进展 [J].中国
农学通报，2010（14）：361-364.

[55] 谢学军.地理信息系统在水环境功能区划工作中的应用 [J].甘肃环境研究与监测，
2003（3）：269-270.

[56] 尹越，李晓红，祁国炜.地理信息系统（GIS）在水环境功能区划汇总中的应用
[J].甘肃环境研究与监测，2003（3）：284-285.

[57] 韩杰，陆桂华，李海涛.水系分维在滑坡泥石流灾害区划中的应用 [J].自然灾害
学报，2009（4）：63-71.

[58] 吕晋，邹红娟，林济东，等.主成分及聚类分析在水生态系统区划中的应用 [J].
武汉大学学报（理学版），2005（4）：461-466.

[59] 王效科，欧阳志云，肖寒，等.中国水土流失敏感性分布规律及其区划研究 [J].
生态学报，2001（1）：14-19.

[60] 尹福祥，李倦生.模糊聚类分析在水环境污染区划中的应用 [J].环境科学与技术，
2003（3）：39-40.

[61] 熊怡，张家桢，等.中国水文区划 [M].科学出版社，1995：39-40.

[62] 王婷婷，陈菁.我国农村饮水困难的分类及其对策分析 [J].水利经济，2005
（1）.

[63] 王永胜，李培红.我国农村人畜饮水困难成因分析及对策研究 [J].给水排水，
2001（7）.

[64] 倪深海，顾颖，王会容.中国农业干旱脆弱性分区研究 [J].水科学进展，2005 16
（5）：705-709.

[65] 殷京生，从社会学的视角分析城市发展与文明进步 [J]，湖北社会科学，2003（4）：

95 - 97.

[66] 戴长雷，迟宝明，刘中培．北方城市应急供水水源地研究 [J]，水文地质工程地质，2008 (4)：42 - 46.

[67] 张军，王华，等．解决城市缺水问题的思考 [J]，中国水利，2002 (5)：75 - 76.

[68] 杨奇勇，冯发林，巢礼义．多目标决策的农业抗旱能力综合评价 [J]．灾害学，2007 (6)：5 - 7.

[69] 国家防汛抗旱总指挥部办公室，中国水利学会减灾专业委员会．水旱灾害风险管理 [M]．北京：中国水利水电出版社，2005.

[70] 顾颖，倪深海，王会容．中国农业抗旱能力综合评价 [J]．水科学进展，2005 16 (5)：700 - 704.

[71] 倪深海，顾颖，刘学峰，等．我国提高抗旱应急供水能力的对策研究 [J]．中国水利，2012 (11)：47 - 51.

[72] 山西省水利厅．山西省特大干旱年应急水源规划 [M]．北京：中国水利水电出版社，2009.

[73] 倪深海，顾颖．我国抗旱面临的形势和实现抗旱工作的战略性转变 [J]．中国水利，2011 (13)：25 - 26，34.

[74] Donald A. Wilhite. 干旱与水危机：科学、技术和管理 [M]．南京：东南大学出版社，2008.

[75] 中华人民共和国国家统计局．中国统计年鉴 [M]．北京：中国统计出版社，2000—2013.

[76] 国家统计局国民经济综合统计司．新中国六十年统计资料汇编 [M]．北京：中国统计出版社，2010.

[77] 中华人民共和国国务院令第 552 号．中华人民共和国抗旱条例 [S]．2009.

[78] 张世法，苏逸深，宋德敦，等．中国历史干旱 [M]．南京：河海大学出版社，2008.

[79] 顾颖，张东，郦建强，等．区域抗旱能力评价技术开发与应用．水利水电技术，2014，45 (4)：145 - 148.